"从来就没有孤军奋战的人，我们都是在成千上万人的支持下成就了自己。不管谁帮了我们或鼓励了我们，都成就了我们的性格和思想，当然也成了我们成功的一部分。"

——佚名

感谢大家在这一路上给我的所有支持和爱。这本书献给你们每一个人。

快乐的素食

零基础 零失误

新颖快捷 纯素美食

［英］贝蒂娜·坎波鲁奇·博迪 著

［英］纳斯玛·罗萨克 摄影

李亚萍 译

山东人民出版社·济南

国家一级出版社 全国百佳图书出版单位

目录

我的故事

东非坦桑尼亚是我童年最早的记忆,当时的我几乎整天不穿鞋,周末便去海滩嬉戏,经常跟着母亲去当地的集市淘寻最新鲜、最优质的蔬菜水果,和母亲一起同摊主讨价还价,不把价格杀到最低誓不罢休。母亲是杀价的好手,咄咄逼人,毫不留情,每次去集市必定会惊动所有摊主。

现在回想起来,我才发现当年的自己有多幸运,我的童年真可谓充满了田园般的诗情画意。对我们家而言,美食占的比重相当大,父母均厨艺精湛。我成长于一个文化多元的家庭,父亲是挪威人,母亲兼具丹麦和保加利亚两国血统,所以我体验到的是丰富多样的美食传统。无论是出国看望家人还是一般的旅游度假,我们总会围绕着美食,比如去哪家餐厅吃饭或品尝什么样的新鲜美味。我的挪威奶奶住在瑞典,她在花园里种了菜,常常随手搜罗采摘食材,她还会做果酱、糖水和腌菜;我的保加利亚外婆每逢重大节日便能做出一桌丰盛大餐,她挑选的食材都是本地集市上最新鲜的。

我大概是6岁的时候开始学下厨的,当时我已掌握了煎松饼的窍门。每逢有小伙伴来我家玩耍过夜,第二天早上我都会得意扬扬地给他们炫耀我的厨艺。有一次我得到了一份大礼,那是一本儿童烹饪书,我立即沉醉其中。然后,在我11岁少不更事的年纪时,我们家搬到了瑞典,我开始把厨房当作我的避世天堂。那段经历至今依然历历在目,我觉得自己有如一棵棕榈树被移栽到了北极。非洲和斯堪的纳维亚半岛之间的差异不仅肉眼可见,而且我幼小的心灵亦能清晰感知。

这种变化是巨大的。在最开始的半年里,我对新生活毫无兴趣。我发现自己无法适应。首先,我的背景有如一盘大杂烩,我的皮肤是橄榄色的,发色也比一般的瑞典小孩深得多。此外,我的外貌特征也与众不同,例如眼睛和鼻子显得太过突兀。我切身体会到什么叫"格格不入",这得花很长时间才能适应。在这一时期,奶奶经常陪着我,和她一起做饭对我而言是一种安慰,我们还从花园里的苹果树上摘苹果,尝试用这些水果来做菜。

在整个学生时代,烹饪都是我引以为豪的一项技能,而且一直都是我信赖仰仗的一项资本。十来岁的时候,父母发起了一种烹饪大赛,家里的每个人周末轮流做饭比拼厨艺。我们每个人都得根据预算,在既定的时间内做好一顿三道菜的晚餐。就在这个阶段,我真正学会了照着菜谱做饭,我的烹饪热情就此被唤醒。之后,我在父母的晚宴上掌勺,在大学的公用厨房里下厨,在朋友的生日庆祝会上大秀厨艺。

我一直心心念念着各种各样的美食体验,因此开始投身餐饮行业,这促使我学习酒店管理。我发现这个专业可以将理论和实践相结合,我非常喜欢。

我在西班牙读大学的最后一年,与丈夫相遇相知,那一年我23岁。他一半是意大利血统,一半是英国血统。他和我一样也热爱美食,他们家是开餐馆的,已经传承了好几代人。我决定完成学业后留在西班牙。在多个行业辗转一番之后,我开始创业,开了自己的第一家小公司——"美食口袋"。当时西班牙海岸一带的物业公司呈雨后春笋之势,我给他们提供餐食外卖服务,为他们制作三明治和沙拉。夏天的时候,我也给游艇提供餐食外卖服务,于是又开了另外一家小公司——"游艇餐篮"。两家公司都经营得不错，直到经济危机突然袭来，许多物业公司不得不关门大吉。我已记不清自己当时的窘迫，只记得自己拼命找工作，但实在不知道自己这辈子想从事什么样的工作。我知道自己有潜力，能够做一番事业，但却不知该如何挖掘这个潜力。

后来我开始从事活动策划工作，经常忙得不可开交，手上同时要处理好几个项目。你们当中的许多人可能知道，这是一个起早贪黑、分秒必争的行业。到26岁那年，我遭遇了一连串的健康问题。看过妇科医生后，我被确诊患有多囊卵巢综合征和子宫内膜异位症。医生说，我怀孕的概率几乎为零，得做好无儿无女的心理准备。毫不夸张地说，我整个人惊呆了，我知道我再不能这样疯狂工作了。也就是在这个时候，我得到了一个经营静修会所的机会。于是我辞职了，开始找人合作，一同筹建和经营静修会所。

由于我热衷于美食和烹饪，静修会所的掌勺工作自然落在了我身上。我的工作原则简单之极：美食必须为100%纯植物性，这意味着不含任何动物成分，而且不含麸质和蔗糖。一向越迎难越要挑战的我，一头钻进了烹饪节和美食博客的世界，开始寻找解决这些问题的办法。由于我自己也有健康问题，在这个过程中，我渐渐发现自己似乎找到了以纯天然方式缓解症状的应对之道。

在开创事业、排除万难的七个月后，我居然怀孕了。我一向不喜欢贴标签，自然也不愿意称自己为素食者，但我每天摄取的绝大多数都是植物性食物。我在此无意声称这些素食有助于改善体质，使我顺利受孕。但可以肯定的是，自从在饮食中增加果蔬以及其他素食的比例之后，我整个人感觉好多了。也大约在这一时期，我得知自己很可能对麸质长期不耐受，导致自己从记事起便一直饱受肠胃问题的折磨，于是我开始在饮食中完全剔除麸质。

我继续经营静修会所并担任主厨，就这样过

了三年。有一天，我的一位好友马克鼓励我追逐自己的梦想，之后他也成了我的业务伙伴。他的话我听进去了，于是决定破釜沉舟追随内心的声音，"贝蒂娜私厨"就此诞生。我在洛杉矶的马修·肯尼厨艺学院授课，打磨自己的厨艺；与此同时，为了牢记我独创的菜谱，我开始在社交媒体上录制美食视频。通过这个平台，我不仅向观众分享烹饪知识，也开设讲习班，传授植物性食物的基础知识以及将这类食物融入日常生活的具体方法。在这个过程中，我遇到了许多有各种不耐受问题的客户，他们可能对牛奶、面粉和鸡蛋不耐受，但却不知道该如何用其他食物来代替这类致敏食物。

在过去的几年里，我做过食谱顾问，写过文章介绍如何将素食融入日常生活，开设过快闪式讲习班，做过自由职业者，亦在多个国家经营过静修会所。选择日常食材，采用最简单的方式将其烹饪为色香味俱全的美食，融入了我的激情，也是我的专长所在。我喜欢琢磨食谱，采用普通人绝想不到的方法烹饪美食；我也喜欢采购、寻找时令果蔬，打造令人食指大动的美味！

我以前经营的静修会所有的地处偏远，烹饪设备有限，这使我不得不学会最大限度地利用食材，不制作过度复杂的食物。我希望所有人都能运用超市里随处可见的食材，从头开始学习烹饪。食材是我的激情之所在，我喜欢研究它们的来源、口味、功能以及如何将它们烹制成让所有人交口称赞的美食。年轻的时候，我一门心思地想成为艺术家。不过到了现在，我想我已经在厨房里找到了运用每一道美食来表达心声的方法。

这本书由我的激情凝结而成，希望你和我一样喜欢。

顺祝食安！

贝蒂娜

什么是
快乐的素食？

《快乐的素食》是一本写给所有人的美食宝典。无论你是等着新近开始吃素食的孙女周末前来吃晚餐的祖母，有意在饮食中增加素食比例的夫妻，忙了一整天只想做快手菜的单身白领，还是对某种食物过敏但希望在不牺牲美味与口感的前提下共享温馨家常菜的一家人，或者只是打算尝试制作素食或无麸质美食的任何人，这本书都非常适合你。

这本书中的食谱均为我个人自创，而且在过去的六年里，我为顾客和家人烹饪，在快闪食摊、讲习班等各种场合演示，每一道我都亲自制作过！书中食材种类极少，烹饪方法简单易学，均为快手菜。

这些美食汇聚了我的哲学理念。美食首先是一场视觉盛宴，因此要想宠溺自己，摆盘至关重要。无论是为自己、家人还是朋友下厨，摆盘都能为美食锦上添花。至于味道，我总是尽量将甜、酸、咸、辣、苦这五味融合为一体，以满足味蕾，打造极致的美食体验。质感亦无比重要——咖喱菜上的一点脆皮、粥品上的一抹奶油以及松饼上的一滴糖浆往往都可以使美食更富于层次，品尝起来更有乐趣，妙不可言。

不过最重要的是，我深信美食存在的意义是给人以快乐！无论是因为迷人造型或缤纷色彩一见钟情，还是因为美味缠绕于舌尖一品倾心，美食来到这世间就是为了让我们绽放笑容。食材令我兴奋快乐，我希望这个不拘一格、兼收并蓄的美食系列也能让你绽放笑容。

如何使用本书

心爱的基础美食

本章适用于所有零基础的烹饪爱好者。这些食谱非常实用，所有美食均可提前制作好，在餐柜、冰箱甚至冷冻室中长期存放——制作本书其他美食时，如果食谱中列出的原料包含这类基础美食，还可随时拿出来使用。如果你为了省事，情愿用从超市直接买来的原料，例如无麸质预拌面粉、植物酸奶或植物乳，这也完全没有问题。如果你并非素食者，也不排斥麸质，而且希望用动物制品代替植物乳制品，这也绝对没问题，不过我建议你购买高品质的产品，最好是有机产品。就烘焙类美食而言，如果你不使用无麸质预拌面粉，我建议你使用古老的传统谷物——例如斯佩尔特（SPELT）、卡姆（KAMUT）和单粒（EINKORN）等小麦品种——制成的面粉以获得最佳效果。试试这些基础美食吧，真的很惊艳！

不要浪费

本书中的许多食谱都专为小份美食而特别设计，尤其是"独自在家"这一章（第42页）。我考虑到了两口之家或一人之家的需求，因此尝试不浪费食材，更不会让你连续几天吃剩菜！我也尝试在本书中尽最大可能利用一些配菜配料，所以如果你买了500克的W胡萝卜，则可以在好几个食谱中用到它。我曾多次为制作某道特别的美食拼命搜罗某些特定的香料、盐或调料，结果这些原料只用了一次便被束之高阁。随着时间的推移，我的餐柜里堆满了这些五花八门、稀奇古怪的原料，其中相当一部分就这样白白浪费了！

烹饪捷径

我不希望你成为家政女王，在厨房里忙碌好几个钟头实在没有必要，所以如果你想省时省力，直接买豆类罐头或谷物速食都是没有问题的，只要买高品质的速食就好。

我在本书中指定了某些原料，但这是有原因的，我保证！例如，利乐包椰汁和听装椰汁是有区别的，摩洛哥甜枣和普通的枣子在味道和质感上也天差地别。

秘诀和窍门

批量采购

工作繁忙的时候，用于采购原料的时间就变得紧张起来。因此，我开始批量购买保质期长的某些产品，例如坚果、种子类食物以及谷物和豆类食物。这不仅能节省时间，也能节省金钱。如果有网购和送货上门的服务，那就更省事了。

采购你能力范围之内品质最佳的食材

无论我在哪里，无论是为自己还是为顾客，我总是设法采购有机时令食材。我这样做有几个原因。首先，我喜欢追溯食材的来源产地，了解种植的所有心血。其次，我热衷于支持种植时令蔬菜的本地小型农户。最后同样重要的是，你可以品尝出其中的差别！不过，我也理解并不是每一个人都像我这样孜孜不倦，或许也没有时间四处奔走采购这样的食材。在大城市里享受有机食物往往是一种奢侈，毕竟价格标签就会劝退许多人，这实在让人遗憾。

以下是尽可能采购最佳品质食材的一些小技巧：

找一家种植时令果蔬、且能送货上门的本地农户。

采购的食材不一定追求100%有机，量力而行即可，一部分为有机，其余部分务必要新鲜高质。

寻找时令果蔬，这类食材的价格往往比较高。

质比量更重要——这一点，真的很重要！

将一周所需的食材一次性买回家。近年来，农贸市场的人气一路看涨。找一家这样的市场，作为你每周囤货的据点。（注：如果你在下班收摊的时候去，摊主往往会急着甩卖产品，你很可能会捡到大便宜哟！）

我有一个发现，和预包装食品相比，有机食材在冰箱里保鲜的时间要长得多。这只是我多年观察的结论，并非定论。

准备工作

准备工作是关键。将书中的一些基础食材制作好并按要求存放，以便以后随用随拿，省时省力。设法将一周所需的生鲜果蔬一次性买回家，餐柜中高品质的基础食材务必要始终备货充足（参见后文"餐柜常备基础食材"）。

厨具

你不需要花哨昂贵的厨具，因为本书食谱不需要这些。我刚开始做自由主厨时，只有一个手持式搅拌器，别无其他！高品质的搅拌器省心省力，制作奶酪、酸奶以及一些淋酱时尤其如此，不过普通的搅拌器也能凑合着用——只是需要多搅拌一两下。除此之外，你所需要的只不过是厨房、碗、炒锅和煎锅而已，这样就已万事俱备，可以开工了！

餐柜常备基础食材

以下是我的餐柜里常备的基础食材清单，这些都是保质期比较长的东西。不必一次性把它们买回家，我建议分批慢慢采购，先开始买你喜欢而且肯定会用的，等你下厨得心应手、有意尝试新的食谱时再买其他的。

种子类
奇亚籽
亚麻籽——金色或棕色
火麻籽
南瓜子
芝麻——白色或黑色
葵花子

坚果类
杏仁
巴西坚果
可可碎粒
腰果
榛仁
夏威夷果
花生
碧根果
开心果
核桃仁

谷物与豆类
黑豆（听装类或干制类）
荞麦
奶油豆/利马豆（听装类或干制类）
鹰嘴豆/鸡心豆（听装类或干制类）
小米
燕麦
藜麦
红扁豆（听装类或干制类）
大米——黑色、白色和棕色

食用油类
椰油
葡萄籽油
橄榄油——颜色越绿越好

面粉类
杏仁粉
糙米粉
荞麦粉
鹰嘴豆粉
燕麦粉
马铃薯粉/淀粉
木薯粉
糯米粉

乳品类
乳品的种类五花八门，因此选择你喜欢的就好。我比较偏爱的乳品有：
杏仁奶
椰奶（建议买利乐包椰奶，口感真的很棒！）

调味料与烘焙原料类
100%可可粉
泡打粉
小苏打（碳酸氢钠）
黑胡椒粒
小豆蔻（粉状和籽状）
辣椒碎（红辣椒碎）
肉桂（粉状和条状）
丁香（整粒）
肉豆蔻（选整粒，而不是粉状）
玫瑰水
海盐（货真价实）以及喜马拉雅粉盐
漆树粉
甜椒粉
姜黄粉
香草豆荚/香草酱/香草粉（不是白色甜粉，而是将香草豆荚干燥处理后磨成的粉）

甜味剂类
甜枣（使用摩洛哥甜枣——和普通甜枣相比真的是天差地别）
枫糖浆
甜菊糖（糖尿病患者专用）
雪莲果糖浆（糖尿病患者的备选代糖）

佐料类
第戎芥末
营养酵母（完全可选，亦称为"素食者的密钥"，可使一切餐品更美味，散发更诱人的奶酪香气）
日本酱油（不含麸质）

其他干货类
高品质无麸质意面（我发现颜色越黄品质越高）
米粉

香料植物类
建议在窗台上或花园里种植以下香料植物：
罗勒
莳萝
薄荷
欧芹
芝麻菜
迷迭香
百里香

快乐的

开始

快乐的开始

早餐是我一天中最喜欢的一餐。清晨是一夜长眠之后复苏重启的时候，我们需要滋养身体，给予身体必要的能量以迎接新的一天。这时也是我们最忙碌的时候，需要仓促间做好一天的准备工作。因此，早餐务必力求高效简单。在这一章，我准备了多种多样的食谱，有咸味的，有甜味的，有热餐，亦有冷餐，总之都是我心爱的快捷简餐。有的可以预先准备，甚至提前批量制作，再按份单独包装冰冻，而且丝毫不会影响口感。此外，我也提供了一些小诀窍，让你把采购的所有食材全都用完，绝不浪费！

可批量制作

可冷冻

可在冰箱中存放3天

如用椰奶代替杏仁奶则
不含坚果成分

治愈系姜黄浆果粥

这道美食巧妙地将姜黄纳入了你的饮食,在独具匠心的搭配之中融入传承了数百年的阿育吠陀疗愈知识,将古老的传统与全新创意相结合。不妨试试吧——如果你像我一样迷恋东方口味,这无疑是你的绝佳选择。

2人份

110克小米
250毫升水
160毫升杏仁奶或任何植物奶,
　从超市直接买或自制皆可
　(参见137-139页)
1茶匙姜黄粉
少许黑胡椒粉
1茶匙融化的椰油

浆果粥
100克树莓
100克蓝莓
1汤匙枫糖浆
½根香草豆荚(刮出香草籽)
　或½茶匙香草粉

点缀配料
1勺椰子酸奶,从超市直接买或
　自制皆可(参见142页)
坚果碎(榛仁或开心果)
香料植物碎或可食花卉(可选)

浆果粥　将小米和水放入炖锅,大火煮沸后再小火煮5分钟,直到小米浓稠,几乎无水分。

加入杏仁奶、姜黄粉、黑胡椒粉和融化的椰油并煮沸。等混合物煮沸后关火,煮沸的泡沫渐渐消失,锅里的粥便呈现出诱人的金黄色,细腻香浓。

在粥仍处于小火慢煮时,将浆果、枫糖浆和少许香草籽或香草粉倒入一只小炖锅,小火加热,直至浆果变软,然后将一部分浆果捣碎,煮出漂亮的浆果酱,只保留几只浆果的完整形状。

将粥舀入碗中,淋上浆果酱、一勺椰子酸奶,撒少许坚果碎(我享用这款浆果粥最喜欢撒开心果碎,任何一种坚果碎都可以)。可能的话,可以再点缀少许香草植物碎和可食花卉。

小贴士　这道餐品可以一次性煮一大锅,按份单独包装冷冻保存,食用时只需重新加热、再浇少许植物奶即可(参见137-139页了解自制坚果植物奶的方法)。

可批量制作

可冷冻

可在冰箱中存放3天

文火燕荞麦靓粥配焦糖苹果

2人份

我喜欢在寒冷的冬日清晨来一碗暖心暖胃的靓粥，也喜欢在咸味早餐中加一点点甜味。这款靓粥有如温暖的拥抱，在阴冷的雨天，喝上一碗开始新的一天再惬意不过了。

140克无麸质石磨燕麦粒
80克荞麦粒
½根香草豆荚（刮出香草籽）
　或½茶匙香草粉
少许盐

懒人版杏仁奶
60克杏仁
500毫升水
少许小豆蔻粉
少许肉豆蔻碎

焦糖苹果装饰
1只苹果，削皮、去核并切丁
1汤匙椰油
2汤匙枫糖浆
½茶匙肉桂粉

点缀配料（可选）
1勺椰子酸奶，从超市直接买
　或自制皆可（参见142页）
熟坚果碎和熟种子碎

杏仁奶　　第一步是制作杏仁奶。将杏仁、水、小豆蔻粉和肉豆蔻碎倒入搅拌机，搅打为泡沫丰富的奶液。

将燕麦、荞麦、香草和少许盐倒入炖锅，再倒入打好的奶液以及奶液中的所有内容。把锅放在火上，中火加热，煮沸后转小火，慢煮5-10分钟。

焦糖苹果　　慢煮靓粥的同时，将苹果丁和椰油一起倒入热锅，小火煎为焦糖色。等苹果丁煎到半软之后，淋上枫糖浆，撒上肉桂粉，关火备用。

等靓粥呈现出奶油质地之后，将其舀入碗中，在上面饰以焦糖苹果，再点缀以可选配料，例如椰子酸奶以及坚果碎和种子碎。

可批量制作

可冰冻

可在冰箱中存放3-4天

花生酱风味隔夜燕麦粥配自制燕麦脆块

2人份

1汤匙花生酱
250毫升水
220克无麸质石磨燕麦粒
1颗摩洛哥甜枣, 去核切碎
1茶匙熟榛仁碎
½根香草豆荚 (刮出香草籽) 或
　½茶匙香草粉

燕麦脆块 (一次性制作450克, 装罐密封)
1根熟香蕉, 捣碎
60毫升融化的椰油
60毫升枫糖浆
½茶匙肉桂粉
120克无麸质石磨燕麦粒
20克椰蓉
60克核桃碎
60克荞麦粒
40克黑芝麻
½汤匙橙皮碎

点缀配料
水果与浆果
坚果碎和种子碎
可食花卉 (可选) 熟坚果碎和熟
　种子碎

我喜欢热乎乎的靓粥, 但夏日炎炎之时, 隔夜燕麦粥是绝佳的备选方案, 能带给你意想不到的清凉之感。

将花生酱与水倒入碗中, 再加上吃剩的麦片粥, 搅匀加盖盖上, 放入冰箱静置一夜。

燕麦脆块　现在开始制作燕麦脆块, 将烤箱预热至140℃。

将香蕉泥、融化的椰油、枫糖浆和肉桂粉倒入碗中搅匀, 确保无硬块颗粒。

将除芝麻与橙皮碎之外的所有制作脆块的干性原料倒入混合物, 确保所有原料都与香蕉泥混合物完美融合。

在烤盘中垫上防油纸 (蜡纸), 将这些混合物倒入烤盘, 均匀摊平, 烤40分钟。

每10分钟检查一下, 确保不会烤煳。等混合物的水分烤干, 变得酥脆, 便大功告成。

将烤盘从烤箱中拿出来, 放在托盘上冷却。等冷却后, 撒上橙皮碎和芝麻搅匀, 再将燕麦脆块放入比较大的密封玻璃瓶。

另外, 也可将脆块放入密封袋置于冰箱保存, 这样保鲜保脆的时间会更久。

抓一把燕麦脆块撒在隔夜燕麦粥上, 再撒上任何一种点缀配料, 即可享用美味。

我总喜欢在这道餐品之上再加一点坚果黄油、坚果、种子和可食花卉。

小贴士　这道餐品可以一次做多一点, 放在冰箱里保存3-4天完全没问题。这是一道完美的外卖早餐餐品或零食小吃。

可批量制作

可冰冻

可在冰箱中存放3天

如用椰奶代替杏仁奶则
不含坚果成分

醇香荞麦华夫饼配草莓

这是我心爱的一款早餐餐品,尤其是在慵懒的周末上午。就舒适、宠溺以及抚慰而言,它满足了我所有的需求,亦填补了我们所有人对甜食的深不见底的欲壑。

4块华夫饼, 2人份

60毫升融化的椰油,再加上1汤匙椰油用于涂抹华夫饼烤盘
375毫升杏仁奶,从超市直接买或自制皆可(参见139页)
200克荞麦粉
3汤匙可可粉
½茶匙泡打粉
½根香草豆荚(刮出香草籽)或½茶匙香草粉
少许盐

点缀配料
230克椰子酸奶,从超市直接买或自制皆可(参见142页)
1茶匙柠檬皮碎
1汤匙枫糖浆,另准备少许用于淋浇
½根香草豆荚(刮出香草籽)或½茶匙香草粉
少许生鲜水果
香料植物碎和可食花卉(可选)

将椰油和杏仁奶倒入锅中,中火加热。

将其他的华夫饼原料全部倒入碗中,包括融化的椰油和杏仁奶,搅拌均匀。

预热华夫饼烤盘,将椰油涂刷在烤盘上。我用的华夫饼烤盘尺寸比较小,烤好的华夫饼形状有点像四叶草。将一部分面糊舀到烤盘上,烤到超级酥脆为止。

华夫饼还没烤好的时候,在椰子酸奶中倒入柠檬皮碎、枫糖浆和香草,搅拌均匀。

等华夫饼烤好后,点缀以椰子酸奶、水果、香料植物碎和枫糖浆。如果可能的话,还可以用可食花卉作为装饰。

可批量制作

可冰冻

3 DAYS

可在冰箱中存放3天

用椰奶代替面糊中的杏仁奶则松饼不含坚果成分

香蕉松饼配自制能多益巧克力酱

我永远的真爱之一。苹果碎增加了面糊的甜味，焦糖香蕉令松饼香气扑鼻，令人难以抗拒。最适合慵懒的周末上午享用，你也可以批量制作，把它们加盖密封放入冰箱保存，这样好几天的早餐就一次搞定了。

能多益巧克力酱

先开始做巧克力酱。将榛仁放入搅拌机，直至搅打成细粉状。然后加入其他原料，搅打为顺滑的巧克力酱。将酱舀入干净的玻璃罐或其他容器，保存备用。

香蕉松饼

将除椰油和香蕉之外的所有松饼原料倒入碗中，混合搅拌为顺滑浓稠的松饼面糊。

用毛刷或厨房纸（纸巾）在不粘煎锅（平底锅）上均匀地刷一层椰油，中火将油烧热。将一半面糊舀入锅中，摊三个松饼，在上面摆一些香蕉片，然后轻轻将香蕉片按入面糊之中。

煎4-5分钟，直至面糊定型，轻轻将松饼翻面，再煎4-5分钟，直至香蕉焦糖化且松饼已煎透。将松饼倒入盘中保温。剩下的面糊和香蕉采用同样步骤，直到全部用完。

松饼要趁热享用，在上面加一勺能多益巧克力酱，点缀以新鲜水果和薄荷叶。我还喜欢加一勺椰子酸奶和一大勺枫糖浆，再撒一点坚果和种子。

6片松饼，2人份

140克无麸质预拌粉（参见146页）

250毫升杏仁奶或任何植物奶，从超市直接买或自制皆可（参见137-139页）

½茶匙泡打粉

少许盐

½个苹果碎

½根香草豆荚（刮出香草籽）或½茶匙香草粉

1汤匙椰油，用于煎松饼

1-2根熟香蕉，切成圆片

能多益巧克力酱（制作700克，装罐密封）

300克榛仁

250毫升椰油

3-4汤匙枫糖浆

3汤匙可可粉

½根香草豆荚（刮出香草籽）或½茶匙香草粉

点缀配料

新鲜水果和浆果

椰子酸奶，从超市直接买或自制皆可（参见142页）

少许枫糖浆

坚果和种子

新鲜薄荷叶

法国吐司夹杏仁黄油和树莓

2人份

小时候我特别喜欢吃法国吐司,早餐吃吐司永远都无比满足。这个版本既有树莓的清新之感,亦有坚果黄油带来的宠溺感和丝滑口感。

4片自制的超级面包(参见148页)或从超市买来的高品质面包
160毫升杏仁奶或植物奶
1汤匙枫糖浆,另准备少许用于淋浇
1汤匙荞麦粉
1茶匙肉桂粉
1/4茶匙鲜磨肉豆蔻
少许盐
椰油,用于煎吐司

馅料
4汤匙杏仁黄油,从超市直接买或自制皆可(参见141页)
1盒树莓

点缀配料
椰糖
1勺椰子酸奶,从超市直接买或自制皆可(参见142页)
坚果碎

在4片面包上涂抹杏仁黄油,在其中2片面包上铺满树莓,尽可能多铺一些,用叉子压实,然后用另外2片面包盖上,轻轻压实。

将杏仁奶、枫糖浆、荞麦粉、肉桂粉、肉豆蔻和少许盐倒入一只小碗,搅拌均匀。将面包放入一个浅盘,浅盘应该有边,且能容纳所有面包。将面糊倒在面包上,然后将面包拎起来翻面,确保两面都能均匀挂上面糊。

在一个大煎锅(平底锅)中倒入少许椰油,中火将油烧热。等锅烧热后,将面包放入锅中,每面煎几分钟直至金黄。

如果摆盘的话,可以将吐司切成两半,随意摆在盘子中间,撒上椰糖和水果,淋上枫糖浆以及一勺椰子酸奶,再撒上一些坚果碎。当然,你也可以直接吃。

可批量操作

3-4 DAYS

可在冰箱中存放3-4天

瓶装开心果奶奇亚籽布丁

2人份

奇亚籽布丁是一款美味的懒人早餐,对于厌倦了粥品的人来说尤其如此。这款布丁制作简单,还能玩出新花样——你可以添加自己喜欢的任何点缀配料或乳品。开心果奶是我最喜欢的乳品之一,这种植物奶在超市里是买不到的,所以口感显得尤为独特。

60克去壳的生开心果
250毫升水
½根香草豆荚(刮出香草籽)或
½茶匙香草粉
1茶匙枫糖浆
少许玫瑰水(可选)
5汤匙奇亚籽

点缀配料
燕麦脆块(参见22页)
坚果黄油,从超市直接买或自制皆可(参见141页)
浆果或樱桃

将开心果、水、香草籽或香草粉、枫糖浆以及玫瑰水(如有)倒入搅拌器,搅打成浅绿色的奶液。

将奇亚籽倒入布丁瓶,再浇上开心果奶以及奶液中的所有原料。盖上瓶盖,将瓶中所有原料摇匀。

将布丁瓶放在冰箱中冷藏过夜,或至少冷藏30分钟,直至奇亚籽充分吸收奶液,变得浓稠均匀。

在布丁上点缀以任何配料。我个人比较喜欢的配料是燕麦脆块、一勺坚果黄油以及樱桃或橙片。

小贴士

这是一款可爱讨巧的外卖早餐餐品,适合带在路上吃。可以一次多做一点,放在冰箱里保存3-4天完全没问题,这样一周中大半的早餐就有了着落。

点缀配料和乳品可以随意更换,直至你找到心仪的组合。另外,奇亚籽的保质期比较长,也非常适合批量购买。

可批量操作

可冰冻

可在冰箱中存放5天

软糯香蕉蛋糕

想吃香蕉蛋糕又怕心怀罪恶感吗? 这是一款清淡版的香蕉蛋糕。我可以大言不惭地说, 这款蛋糕堪称完美, 希望你能和我一样喜欢。

整块蛋糕 (可切为8小块)

2根胡萝卜, 削皮切片
200克杏仁粉
140克无麸质预拌粉 (参见146页)
250克杏仁奶或任何植物奶, 从超市直接买或自制皆可 (参见137-139页)
200克椰糖
125毫升融化的椰油
1茶匙肉桂粉
½茶匙泡打粉
½茶匙小苏打 (碳酸氢钠)
½茶匙丁香粉
1茶匙小豆蔻粉
1根香草豆荚 (刮出香草籽) 或1茶匙香草粉
少许盐

顶料
1根香蕉, 横向切成3块薄片
少许椰糖

点缀配料
杏仁黄油, 从超市直接买或自制皆可 (参见141页)
1勺椰子酸奶, 从超市直接买或自制皆可 (参见142页)
喜欢的任何水果

将烤箱预热至180℃。在一个900克装的吐司盒中涂油并垫上油纸, 或使用硅胶模具。

开始煮胡萝卜, 煮软后放入料理机搅打成泥, 称出125克放一旁备用。

将所有其他的蛋糕原料倒入料理机, 包括胡萝卜泥, 搅打成顺滑的混合物。

将混合物倒入吐司盒, 小心地在上面铺上香蕉片。撒上椰糖和香草粉。

烤40-45分钟, 烤好的蛋糕应该比较紧实, 可在蛋糕中间插一根牙签, 抽出后牙签上面应该干净无面糊。蛋糕从烤箱中取出后需要冷却片刻, 然后从吐司盒中倒出, 放在烤架上完全冷却。

可以直接食用, 也可以添加你喜欢的任何点缀配料, 例如坚果黄油、一勺椰子酸奶或一些水果。

蛋糕可以放在密封容器中冷藏保存, 但肯定放不了很久, 因为你很快就会把它一扫而光!

可批量制作

可冰冻

可在冰箱中存放3天

鹰嘴豆蛋饼配芝麻菜、牛油果和杞果莎莎酱

不用怀疑，这绝对是一款完美的周末早午餐。当你渴望一顿营养丰富的正餐时，这款美味诱人的早餐餐品也可以满足你的需求。我有许多客户都对鸡蛋过敏，这是我能想到的最理想的鸡蛋替代品。

1个大蛋饼，1人份

70克鹰嘴豆粉
125毫升水
½茶匙盐
少许姜黄粉（上色）
½汤匙苹果醋
½茶匙小苏打（碳酸氢钠）
1根火葱，切丁
¼个红灯笼椒，切丁
橄榄油，用于煎蛋饼

馅料
1把芝麻菜或嫩菠菜
1个牛油果，切片
1小根春葱（青葱），切葱花
1汤匙石榴籽（可选）

杞果莎莎酱
1个番茄，切丁
½个杞果，果肉切丁
1汤匙芫荽（香菜）碎
盐和黑胡椒，用于调味
½个红辣椒，切丁
少许橄榄油

将除火葱和灯笼椒之外的所有蛋饼原料倒入碗中。

搅拌均匀，放一旁醒发10分钟。

杞果莎莎酱　与此同时制作莎莎酱。将所有原料倒入碗中，搅拌均匀放一旁备用。在烧热的煎锅（平底锅）中，洒一点橄榄油，再倒入火葱和灯笼椒，炒大约5分钟。

接下来，将蛋饼混合物倒入煎锅，像煎传统的蛋饼那样煎制，务必要将饼底摊平。煎5分钟后翻面，再煎另一面。

取一个餐盘，将蛋饼平摊至盘中。在上面加一把芝麻菜、一两勺杞果莎莎酱、几片牛油果、一些葱花和石榴籽（如有）。蛋饼可以直接吃，也可以折叠成半月形拿着吃。这款餐品最好出锅时趁热吃。好好享用吧！

可批量制作

可在冰箱中存放3天

辣味香草热可可

谁不想在寒冷的夜晚或清晨惬意地喝上一杯热可可? 这个版本的热可可略带一丝辛辣的刺激,令你在一杯饮品中尽可能地享受多种美味。

制作2小杯或1大杯

80克去皮杏仁 (在水中浸泡30
　分钟)
500毫升水
3汤匙可可粉
1汤匙枫糖浆
少许辣椒粉
少许盐
1根香草豆荚

将所有原料倒入搅拌机,包括香草豆荚。(我常常直接将整根豆荚扔进搅拌机搅碎,不必费神把里面的香草籽刮出来,我觉得那样会浪费豆荚)。搅打均匀,直至混合物顺滑浓稠,泡沫丰富,然后将奶液倒入一个小号炖锅。

一边搅一边慢慢煮,直至奶液达到你满意的温度。我喜欢滚烫的热可可!

可批量制作

可在冰箱中存放3天

如用椰奶代替杏仁奶则
不含坚果成分

盐渍焦糖奶昔

这款餐品的制作方法超级简单,也是解决香蕉的小妙招——它可是绝佳的奶昔底料!虽然食谱只是一杯的量,但我制作的时候总会把原料加倍,因为喝完了第一杯,绝对还想喝第二杯……

1人份

1根冻香蕉
250毫升杏仁奶,从超市直接买
　或自制皆可(参见139页)
少许香草粉
2颗摩洛哥甜枣,去核
少许盐
1茶匙可可粉

将除可可粉之外的所有原料倒入搅拌机。

使所有原料搅打为均匀顺滑的奶液。

将混合物倒入玻璃杯,在上面撒上可可粉,也可以用筛子使可可粉撒得更漂亮更均匀。

小贴士　千万不要浪费香蕉。上面的斑点越多,味道就越甜,就越适合冷冻做奶昔的底料。把它们放进冷冻室之前,务必要先剥皮用保鲜袋装好。我做这款餐品总会把原料加倍,不过这只是我的一己之见。

可批量制作

可在冰箱中存放3天

不含坚果成分

暖心椰香茶

这款茶的特点就是舒心和暖心。我童年时生活在坦桑尼亚，就在桑给巴尔❶的隔壁，这款茶对我而言等同于家的味道。不妨一次多做几杯，一天喝个够，它是我家的必备饮品。

4杯

1汤匙椰油
2根小豆蔻荚
1根肉桂条
2颗黑胡椒粒
1块拇指大小的新鲜姜块，切末
少许辣椒碎（红辣椒碎）或1个干辣椒
½根香草豆荚
500毫升水
1个路易波士茶❷茶包
500毫升椰奶（建议买利乐包椰奶，这种奶的奶液始终柔滑细腻，绝不会水奶分离）
1汤匙枫糖浆

将椰油倒入中号炖锅加热，然后加入所有香料，包括姜末、辣椒和香草豆荚，小火煎5分钟。先将小豆蔻荚压碎，挤出其中的籽，将所有的香气煎出来。

加水和路易波士茶包，煮沸后再煮10分钟。

10分钟后，将火调为文火，再倒入椰奶。确保小火慢煮使茶液逐渐升温，绝不能煮沸，否则会导致水奶分离，这样茶液便会失色减分。

等茶液加热后，添加你喜欢的甜味剂。

小贴士

不妨将所有香料留在锅底，一天中什么时候想喝，就可以在锅里再倒水和椰奶，制作更多的茶。一整天宅在家中无所事事的时候，这款茶就是令你始终浑身暖意融融的绝佳饮品。

❶东非坦桑尼亚联合共和国东部的半自治区，包括了许多小岛和两个主要大岛，素有"香料群岛"的美名。
❷路易波士茶（ROOIBOS），又名南非国宝茶，是一种生长在南非开普敦北部弗因博斯的豆科灌木植物，有"南非红宝石"的美誉。

独自

在家

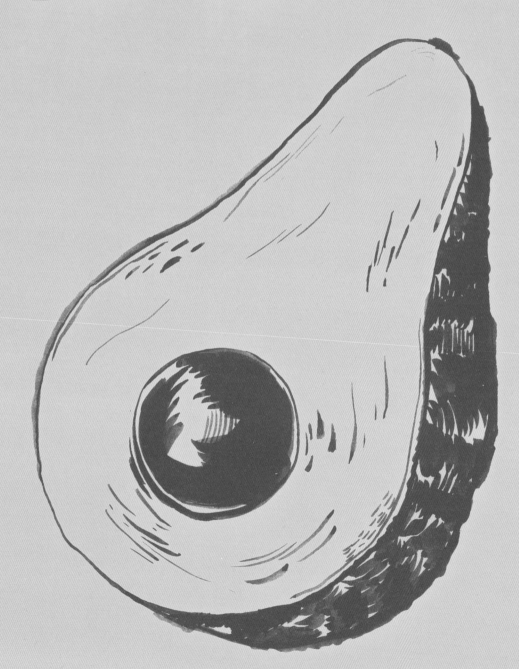

独自
在家

这一章的餐品专门针对两口之家或一人之家，均为快捷简餐，不仅营养丰富，而且美味诱人。有很多时候，你上了一天班回到家中，做饭很可能就成了你待办事项清单上最不想做的那一项。不过，如果我告诉你自己做饭所花的时间和叫外卖相差无几，你会怎么选？我喜欢在传统餐品中融入一丝素食意趣。我已在无数个场合制作过这样的餐品，每次下肚都能让我由内到外感到舒心和暖心。就是一种纯粹的幸福感！这才是美食应该带给你的感受。

可批量制作

可冷冻

可在冰箱中存放5天

不含坚果成分

贝蒂娜私厨秘制牛油果吐司

1人份

牛油果是我的快乐源泉！我迷恋牛油果，它是大自然馈赠的营养珍品。我还喜欢西班牙大街小巷随处可见的特色早餐——pan con tomate，它的意思是面包配番茄，这样的搭配可谓是天作之合。这款餐品是我永恒的真爱，希望你也和我一样喜欢它。

2片自制的超级面包（参见148页）或从超市买来的高品质面包
½个牛油果，切片

番茄顶料（足够抹2-4片面包）
1个大个头的熟番茄或2个小番茄
1茶匙盐
少许黑胡椒
1汤匙苹果醋
1茶匙枫糖浆
½个蒜瓣，去皮
3汤匙优质橄榄油

点缀配料
芝麻菜
西洋菜
罗勒
芝麻
火麻籽
球芽甘蓝

番茄顶料　将所有番茄顶料的原料倒入搅拌机，搅打为顺滑的混合物，放一旁备用。

将面包放入吐司炉，将面包烤香烤脆。

将烤好的吐司摆入盘中，在上面添加番茄顶料、牛油果片以及任何点缀配料。我喜欢在吐司上面点缀芝麻菜或西洋菜以及罗勒，再撒一点芝麻、火麻籽或球芽甘蓝，以增味提香，补充营养。

小贴士　这款餐品务必要采用高品质的番茄，好品质是尝得出来的。番茄顶料可以保存在密封容器中冷藏保鲜5天。面包可以冷冻保存，但冷冻之前一定要先切片。

可批量制作

可冷冻

可在冰箱中存放5天

快捷咖喱煲

一整天的工作把你忙坏了吧,是不是只想把所有食材切块扔进锅,让它自己乖乖地煮?如果是这样,这道绝对是你的菜。等你换好家居服、趿上拖鞋,这款顺滑香浓、丰盛柔暖的咖喱煲就已煮好,可以开吃了。

2人份

2汤匙橄榄油
1根火葱,切丁
1个蒜瓣,去皮剁蓉
1汤匙优质黄色咖喱香料粉,口味偏重可以多加一点
1根胡萝卜,切丁
½根茄子,切丁
1个土豆,切丁
45克干红扁豆
400毫升椰奶
1汤匙花生酱
1大把菠菜
1大把罗勒
盐和胡椒,用于调味

点缀配料
石榴籽
花生碎
挤少许青柠汁
芫荽(香菜)叶
可食花卉(可选)

中火烧热煎锅(平底锅),倒油,将火葱和蒜蓉煎至透明。然后加入咖喱香料粉、胡萝卜、茄子和土豆,炒5分钟。

倒入干扁豆,再倒入椰奶,搅拌均匀,加盖小火炖25分钟。

揭开盖子尝尝味道,按自己的口味添加盐和咖喱粉,再加一汤匙花生酱,与菠菜和罗勒搅拌在一起。我喜欢在上面撒石榴籽和花生碎,增加香脆口感,再挤少许青柠汁,以中和咖喱的油腻感。最后撒少许香菜叶和可食花卉作为点缀。

可直接享用,也可以配米饭、藜麦饭或荞麦饭。

小贴士 咖喱菜非常适合大批量制作——而且第二天往往更入味,口感更佳。

可批量制作

可在冰箱中存放3天

辣味泰式凉粉配柔滑花生凉拌酱

一款简单易做、香辣美味的亚洲美食，你可以尽可能多地搭配蔬菜，加一点能够令任何美食开胃诱人的辣酱，增加蔬菜的风味。

2人份

200克米粉
1根胡萝卜，切丝
1/4根西葫芦（笋瓜），切丝
1/4个红灯笼椒，切丝
1/4个黄灯笼椒，切丝
1/4个杧果，切丝
1根春葱（青葱），切葱花
1把菠菜

花生凉拌酱
1/2个红辣椒，切碎
几枝罗勒
1/2个青柠
黑芝麻
1/2汤匙鲜姜末
3汤匙花生酱
1汤匙枫糖浆
1茶匙苹果醋
80毫升水
1汤匙日本酱油

点缀配料
几枝薄荷
几枝罗勒或泰国罗勒
1/2个青柠
黑芝麻

按包装上的说明煮米粉，沥水放一旁备用。

花生凉拌酱 将所有凉拌酱原料倒入碗中拌匀，放一旁备用。

将所有切好的蔬菜倒入一只大碗，再倒入米粉和凉拌酱拌匀，使所有原料裹上一层凉拌酱。

在碗中撒上新鲜的香料植物，搭配一角青柠，以备挤汁之用。

撒少许黑芝麻，增加香脆口感。

小贴士 这款餐品非常适合提前制作——是上班族便当的绝佳选择。

可批量制作

可在冰箱中存放3天

香蒜意面配坚果帕玛森

这是一款简单易做的快捷简餐，亦是本书中最容易上手的餐品之一。它不仅扛饿顶饱，而且下肚后心满意足，具有一碗意面所具有的一切优良品质。意面是我们家的主食，这款餐品肯定不会让你失望。

2人份

200克优质无麸质意面或你喜欢的任何面条——例如斯佩尔特小麦面条或全麦面条（我做这款餐品用的是意式细面条）。
½根西葫芦（笋瓜）
4汤匙南瓜子意式青酱（参见151页）
4汤匙坚果帕玛森干酪（参见145页）
1把罗勒
1把芝麻菜

按包装袋上的说明煮意面。

趁意面还在煮的时候，将西葫芦用切菜器或刨刀加工成丝，然后放一旁备用。

将煮好的意面沥水，留一小部分煮面的水，然后把意面倒回炖锅。

将南瓜子意式青酱和西葫芦倒入锅中，和意面一同搅匀，直至所有意面裹上一层青酱。

将意面舀入碗中，撒上坚果帕玛森干酪、一些罗勒以及略带一丝辛辣味的芝麻菜。这是我最喜欢做的懒人菜之一，尤其适合忙碌了一整天之后制作。

小贴士　非常棒的便当菜或野餐菜。

可批量制作

可冷冻

可在冰箱中存放4-5天

藜麦甜豆沙拉配蔬菜和罗勒蛋黄酱

藜麦如今已成为千家万户的主食。这种小小的超级种子悄然跳上了我们的餐桌,成了大米和其他谷物食品的绝佳替代品。我喜欢藜麦沙拉配其他原料,它是我百吃不厌的真爱。

1人份

150克藜麦

甜豆凉拌酱 (制作200毫升,装罐密封)
125毫升橄榄油
1茶匙第戎芥末
1茶匙枫糖浆
1茶匙盐
少许黑胡椒
½根火葱,切丁
2汤匙苹果醋

甜豆
150克奶油豆(利马豆),从超市直接买听装罐头或自己煮熟皆可
½个番茄,切丁
2汤匙欧芹碎
挤少许柠檬汁

罗勒蛋黄酱
125克腰果酸奶(参见140页)
1把罗勒
少许盐

点缀配料
什锦绿叶蔬菜
黄瓜片
新鲜香料植物(可选)黑芝麻

按包装上的说明煮藜麦,煮熟放一旁备用。

甜豆凉拌酱　将所有凉拌酱原料倒入罐中,摇匀备用。

甜豆　将所有甜豆制作原料倒入碗中,再倒一半拌好的凉拌酱,拌匀。

罗勒蛋黄酱　将所有罗勒蛋黄酱的原料倒入搅拌机,搅打成顺滑的绿色蛋黄酱,放一旁备用。

将煮好的藜麦盛入碗中,加一大勺甜豆。我喜欢在藜麦沙拉中搭配大量的什锦绿叶蔬菜和黄瓜片。在上面淋一大勺罗勒蛋黄酱,然后在绿叶蔬菜上另外再浇少许凉拌酱。

小贴士　这款沙拉可以大批量制作,非常适合当作午餐便当。罗勒蛋黄酱放在冰箱中可保鲜4-5天,也可以大批量制作,冷冻保存。藜麦也可以煮熟冷冻,随用随拿。

可批量制作

可冷冻

可在冰箱中存放3
天以上

不含坚果成分

墨西哥风味沙拉——黑豆、牛油果酱和烤红薯

墨西哥美食一直都是我的心爱之物,它也是可轻松驾驭的便当菜,适合外出、野餐或午休时享用。而且,到了这个时候,你很可能已猜到我是牛油果的忠实粉丝了吧!

2人份

2汤匙橄榄油
1根火葱,切丁
1/4根韭葱,切碎
1个蒜瓣,去皮剁蓉
220克听装或罐装黑豆,沥干水分
1听400克装番茄碎
1茶匙红辣椒粉
1茶匙盐
1块黑巧克力,可可脂含量90%

烤红薯
400克烤红薯,去皮切块
1枝百里香
喜马拉雅粉盐和黑胡椒,用于调味
橄榄油,用于烘烤

牛油果酱
1个牛油果,去核
1/4个红皮洋葱,切丁
1/2个蒜瓣,去皮剁蓉
1/2个青柠挤汁
1/4个杧果,去皮切丁

点缀配料
几勺椰子酸奶,从超市直接买或自制皆可(参见142页)
少许芫荽(香菜)叶
什锦绿叶蔬菜

烤红薯

将烤箱预热至200℃,在烤盘中垫上防油纸(蜡纸)。将红薯块和百里香放入烤盘,撒上盐和胡椒用于调味,再淋一些橄榄油,烤20-30分钟。烤的时候要多观察,以免烤煳。

与此同时,在一个中号煎锅中倒入橄榄油加热,倒入火葱、韭葱和蒜蓉,微微煎至棕色。再倒入黑豆,搅拌均匀。然后倒入番茄和红辣椒粉,将黑豆中火煮20分钟。

牛油果酱

在煮黑豆、烤红薯的同时便可以制作牛油果酱了。将牛油果放入碗中捣碎,加入剩下的其他原料以及盐和胡椒,拌匀备用。

检查一下黑豆。等番茄碎中的水分蒸发后,黑豆混合物便变得黏稠柔滑,这时可以加盐和胡椒调味,再放入巧克力块,搅拌煮至融化。

在两只碗中分别添加黑豆混合物、烤红薯和牛油果酱。我喜欢在沙拉中加一大勺椰子酸奶、一两把香菜叶和一些什锦绿叶蔬菜。

小贴士

黑豆可冷冻保存。

可批量制作

可冷冻

可在冰箱中存放3天

不含坚果成分

花园蔬菜汤配新鲜香料植物

又一款营养美味的煲仔菜。我比较偏爱喝可以嚼得到蔬菜块的蔬菜汤，对我来说，这样的汤比搅打过的顺滑版本的蔬菜汤更鲜美。这是一款抚慰人心的经典汤品，煮完后可选择在汤汁上撒大量的新鲜香料植物。我喜欢在汤上面撒莳萝碎和欧芹碎，但每个人的口味各不相同，所以建议把香料植物单独装碗盛放，按自己的喜好酌情撒入。

1人份

1大勺橄榄油
1个黄皮洋葱，切片
1个蒜瓣，去皮剁蓉
1根胡萝卜，切丁
1片香叶
½个红灯笼椒，切丁
¼根西葫芦（笋瓜），切丁
1个土豆，切丁
1把冻豌豆或新鲜豌豆
500毫升水
1把羽衣甘蓝碎
1茶匙盐
少许黑胡椒，用于调味

点缀配料
1茶匙莳萝碎
1汤匙欧芹碎
超级面包（参见148页）或从超市买来的高品质面包

将橄榄油倒入锅中，中火加热，再倒入洋葱、蒜蓉和胡萝卜煎制，直至洋葱变为金黄色，胡萝卜变软。

倒入香叶和除羽衣甘蓝之外的所有其他蔬菜，再加水，小火煮20分钟，直到蔬菜变软但并未煮成糊状为止。

加调料调味，将羽衣甘蓝碎倒入煮软。也可将羽衣甘蓝倒在碗底，再将热汤舀入。

在蔬菜汤旁摆上一小碟香料植物碎即可享用，可搭配自制面包，也可不搭配。这是我迄今为止最喜欢的一次性尽可能多地摄取蔬菜的方法之一。

可批量制作

可冷冻

可在冰箱中存放3天

不含坚果成分

蒜香洋葱炒饭配鲜制叁巴酱和牛油果泥

这款餐品中的叁巴酱的制作方法是我在巴厘岛经营静修会所时别人教给我的。它只是众多巴厘岛的辣椒酱中的一种，但却是我的最爱。这款酱回味无穷，可以将任何一款沉闷乏味、需要一点额外刺激的餐品瞬间唤醒！

2人份

440克糙米
1汤匙椰油，用于炒饭
2个蒜瓣，去皮剁蓉
2根火葱，切片

叁巴酱（制作200克，装罐密封）
1个红色泰国辣椒
½根火葱
1颗摩洛哥甜枣，去核
½汤匙盐
2汤匙鲜姜末
1个蒜瓣，去皮
1个番茄，去籽切丁
½个红灯笼椒，去籽切丁
1汤匙苹果醋
挤少许青柠汁
60毫升橄榄油

配菜
1把嫩茎西兰花
1把羽衣甘蓝
一两朵小白菜
1个牛油果，捣成顺滑泥状

点缀配料
芝麻
花生
嫩菠菜
青柠角

按包装上的说明煮糙米，沥水备用。

叁巴酱　将所有叁巴酱原料倒入食物料理机，搅打成顺滑的酱状混合物。将酱倒入玻璃罐或密封容器，放入冰箱保存（这款酱可在冰箱中保存一周）。

用中号炖锅将水烧开，倒入嫩茎西兰花、羽衣甘蓝和小白菜焯几分钟，再用漏勺捞出，放在厨房纸（纸巾）上吸干水分备用。

将一个大号锅中火烧热，倒入椰油、蒜蓉和火葱，煎至金棕色。然后倒入煮好的糙米饭翻炒，直至所有原料混合在一起，米饭炒至为淡黄色。

将炒饭盛入两只碗，在上面摆上西兰花、小白菜和羽衣甘蓝，并舀上一勺牛油果泥，再舀一大勺新鲜诱人的叁巴酱，撒少许芝麻。我喜欢另外再配一小碟嫩菠菜以增加绿色，再挤一点青柠汁增加香气。

小贴士　除牛油果泥之外的所有原料均可冷冻保存。

可批量制作

可冷冻

可在冰箱中存放3天

不含坚果成分

韩式根茎蔬菜煎饼配日式酸甜酱汁

我的闺中密友率智来自韩国, 我也在韩国居住过相当长的一段时间。我最喜欢做的快捷简餐之一便是韩式煎饼, 这种煎饼外酥里香, 包裹着丰美的蔬菜, 再蘸一点非常美味的日式酱汁, 真是一种莫大的享受!

1张大煎饼, 2人份

70克无麸质预拌粉 (参见146页)
160毫升水
少许小苏打 (碳酸氢钠)
橄榄油, 用于煎饼
100克芦笋, 对半切开
½根韭葱, 对半切开
1根胡萝卜, 切细条

日式酱汁
60毫升日本酱油
½个青柠挤汁
1汤匙芝麻油
1茶匙枫糖浆
½个蒜瓣, 去皮剁蓉

点缀配料
2根春葱 (青葱), 切葱花
黑芝麻或白芝麻
芫荽 (香菜), 可选

日式酱汁　　将所有酱汁原料倒入一个小玻璃罐, 盖上瓶盖, 将混合物摇匀, 放一旁备用。

将面粉、水和小苏打倒入碗中, 放一旁备用。

在煎锅 (平底锅) 中倒油, 中火烧热, 将所有蔬菜倒入煎5分钟, 直至蔬菜煎为棕色。

将锅中的蔬菜均匀摊开, 再倒上面糊, 摊成一个大煎饼。两面各煎5分钟, 直至煎饼变得酥脆呈金棕色。

煎好后趁热享用, 将饼切成小块, 在上面撒上一些葱花、芝麻和香菜, 旁边再摆一小碟鲜香诱人的日式酱汁。

小贴士　　这款快捷简餐可作为头盘或分享拼盘, 也可在工作了一天之后单独享用。

可批量制作

可冷冻

可在冰箱中存放3
天以上

不含坚果成分

母亲的治愈系甜豆汤

这款汤品是我小时候喝过的。外婆厨艺精湛，她将自己的手艺传给了母亲，所以母亲总是在保加利亚的圣诞前夜（保加利亚人称这个节日为"Badni Vecher"）做这款特别的甜豆汤。这是保加利亚圣诞前夜的一个传统。自此之后，我每年的这一天也要做这道汤。

2人份

橄榄油，用于炒菜
1个小个头洋葱，切丁
½个绿灯笼椒，切丁
1根小个头胡萝卜，切丁
1汤匙意面用番茄泥或3汤匙番茄碎（仅用于调味）
1茶匙椰糖
400克奶油豆（利马豆），从超市直接买听装罐头或自己煮熟皆可
2茶匙红椒粉
½汤匙欧芹碎
½汤匙百里香碎
1茶匙干薄荷
500毫升水
喜马拉雅粉盐和黑胡椒，用于调味

点缀配料
超级面包（参见148页）或从超市买来的高品质面包
1把芝麻菜，可选

将橄榄油倒入中号锅，再倒入洋葱、灯笼椒和胡萝卜翻炒，直至混合物变软，散发出香气。然后倒入番茄泥或番茄碎、椰糖、奶油豆以及所有调料和香料植物，翻炒混合。

加水，盖上锅盖，小火煮20分钟。

将一份豆汤盛入碗中，将汤中的豆子压碎，使其成为均匀的泥状物。然后将豆泥倒回锅中，这可以使汤更浓稠更顺滑——将汤加热，搅匀。

将汤盛入碗中，在上面点缀以芝麻菜，可以搭配一些香酥可口的自制面包作为配菜。

小贴士　一款绝佳的主食汤品，适合大批量制作，这样好几天的餐食就可以完美解决了。我甚至觉得第二天的口感更好，可能是更入味。

可批量制作

可冷冻

可在冰箱中存放3天

不含坚果成分

夏卡苏卡❸配奶油豆

2人份

这道菜让我欲罢不能！它简单易做，营养丰富。鸡蛋版的夏卡苏卡如今已占领了世界各地的简餐咖啡馆，我的这个版本没有鸡蛋，但其丰盛程度丝毫不减，而且增加了我心爱的辛辣、烟熏风味。

80毫升橄榄油
1/2个红皮洋葱，切丁
1/2个红灯笼椒，切丁
1/2根茄子，切丁
1听400克装番茄碎
230克听装奶油豆（利马豆），沥
　干水分
4个日晒番茄干，切丁
1/2茶匙甜椒粉
少许红辣椒粉
喜马拉雅粉盐和黑胡椒，用于调味

点缀配料
1把欧芹碎
超级面包（参见148页）或从超
　市买来的高品质面包
少许南瓜子意式青酱（参见151页）
几勺椰子酸奶，从超市直接买或
　自制皆可（参见140、142页）
柠檬角
几个樱桃番茄，作为装饰（可选）
几片菊苣叶，作为装饰（可选）

将油倒入中号锅，烧热后放入洋葱、灯笼椒和茄子，再加少许盐，翻炒10-15分钟。这道菜用的油一定不能少，这样才能炒出香味，使蔬菜适当软化。

然后加入番茄碎、奶油豆、番茄干以及所有调料和香料，搅拌均匀，盖上锅盖，中火煮10分钟。

10分钟之后打开锅盖查看一下，再搅拌一下，继续煮10分钟。

这时夏卡苏卡就煮好了，水分差不多已蒸发，汤汁变得浓稠顺滑，锅里的混合物应散发着迷人的烟熏味。

建议出锅后趁热享用，在上面撒一点欧芹碎和牛油果片，还可以搭配自制面包蘸南瓜子意式青酱，另外还可以浇一点植物酸奶，将柠檬角中的汁液挤入。

小贴士

这是一款抚慰人心的炖菜，可以大批量制作，想吃的时候随时加热即可。

这款餐品一般作为周末早午餐，不过也非常适合下班回家，需要丰盛美食补充精力的时候享用。我喜欢在这道菜中加一些牛油果片，以额外增加奶油口感，我想这样的搭配也肯定会惊艳到你！

❸夏卡苏卡（SHAKSHUKA），又名北非蛋，是中东地区非常流行的一种早餐。相传夏卡苏卡发源于奥斯曼帝国，后传播至西班牙和大中东地区。它是一种将鸡蛋放在番茄、橄榄油、辣椒、洋葱和大蒜组成的酱汁中水煮的菜肴，通常会加孜然、红甜椒粉、牛角椒和肉豆蔻。

可批量制作

不含坚果成分

终极版蔬菜三明治

我喜欢健康美味的三明治,中间的馅料多多益善,这款蔬菜三明治也概莫能外。我们所有人都被快节奏的生活所裹挟,这意味着快餐有时会成为必需。我的终极版三明治无论是从简单程度还是从美味程度来看,都可谓罕逢敌手。酥脆清新,酸中带咸,回味无穷。

2个三明治

2片红皮洋葱
2片番茄
2片黄灯笼椒
2片生菜叶
4片超级面包(参见148页)或从超市买来的高品质面包
2汤匙南瓜子意式青酱(参见151页),可选

终极版鹰嘴豆泥
200克听装鹰嘴豆,沥干水分
3汤匙白芝麻酱
1个柠檬挤汁
5汤匙水
½个蒜瓣,去皮
1个甜菜根,切丁
1茶匙第戎芥末
1汤匙刺山柑蕾,切丁
喜马拉雅粉盐和黑胡椒,用于调味

将所有用作馅料的蔬菜准备好,放一旁备用。

终极版鹰嘴豆泥　将所有鹰嘴豆泥的原料倒入搅拌机,搅打成纹理顺滑的混合物,放一旁备用。

现在,取出2片面包,在上面涂抹南瓜子意式青酱(如有),然后在青酱上面再涂抹鹰嘴豆泥。在中间夹上蔬菜。然后在蔬菜上撒少许盐和胡椒调味,再盖上面包片,将其压紧压实。

这款三明治不适合约会时吃——它黏黏糊糊的,可能会让你的嘴角沾上酱汁,但它无敌好吃!

小贴士　鹰嘴豆泥是非常棒的备用原料,加盖密封置于冰箱保存可保鲜一个星期,可作为菜品的调料,也可用来涂抹吐司,还可作为蘸酱。

快捷

简餐

快捷
简餐

我做饭讲究务实，虽然我对美食情有独钟，但并不一定总会在厨房里一待就是好几个钟头。我喜欢那种能批量制作易于冰箱保存的餐品，这样任何时候只要想吃，就能迅速把营养美味的家常菜端上桌！如果你也和我一样，那可一定要试试快捷简餐。这些餐品口味多样，做起来得心应手，其灵感源于我游历世界的体验，因此口味丰富多样，无与伦比，而且会让你在一顿餐食中尽可能多地摄取各种各样的蔬菜。

可批量制作

不含坚果成分

祛寒米粉汤配姜蒜、洋葱和大量香料

这款米粉汤专为流感季节不幸中招的人而特别制作。不过如果你想喝一碗暖心暖胃的餐品，它也是你的理想选择——风味浓郁，甘美爽滑，最能抚慰人心，简直棒极了！

2人份

200克米粉
橄榄油，用于煎炒
1个火葱，切片
3个新鲜香菇或香菇干
60毫升日本酱油
1茶匙椰糖
500毫升水
¼根白萝卜，切丁
1朵小白菜，对半切开
1把甜豌豆（雪豌豆）
½个蒜瓣，去皮
1大块拇指大小的新鲜姜块

点缀配料
春葱（青葱）
鲜切红辣椒碎（可选）
芫荽（香菜）叶
青柠角

按包装上的说明煮米粉，沥水放一旁备用。

将油倒入中号锅烧热，放入火葱和香菇（如果用的是干香菇的话，请务必先将它们用热水至少浸泡30分钟，沥水后再入锅）。炒大约5分钟，然后加酱油和椰糖，移火待用。

将锅重新放回火上，倒入水、白萝卜、小白菜和甜豌豆。将火调大，将汤煮沸。

等汤煮开后，关火，加入蒜蓉，然后挤入姜汁。

有一位厨神级的好友教了我一个妙招：将姜块按在砧板上压碎，然后握在手里，将姜汁挤入汤中。这样不仅能挤出高品质的姜汁，使米粉汤散发浓郁姜香，而且入口也不会吃到任何姜末姜碎。

准备两只碗，将米粉分别盛入碗中，然后倒入菜汤，撒上葱花和辣椒碎（如有）调味，再撒上香菜叶，挤入青柠汁。

可批量制作

3 DAYS

可在冰箱中存放3天

浓香番茄意面配纯素肉丸

谁不喜欢色味俱佳、香气扑鼻的意面？反正我喜欢，像这样一款简单易做的意面，你找不到拒绝的理由。

2人份

200克无麸质意面或其他优质意面
1批史上最美味纯素肉丸（参见154页）

酱汁
橄榄油，用于煎炒
1根小个头胡萝卜，切丁
1根小个头火葱，切丁
½根小个头西葫芦（笋瓜），切丁
1听400克装番茄碎或高品质番茄酱
喜马拉雅粉盐和黑胡椒，用于调味
1把罗勒，另外再备少许用于点缀

点缀配料
坚果帕玛森（参见145页）
罗勒和芝麻菜叶

酱汁　　将油倒入中号锅烧热，放入所有切好的蔬菜。加少许盐调味，大约翻炒10分钟，直至蔬菜变软，炒出香味。

在锅中加入番茄碎或番茄酱，加盖小火炖20分钟。

与此同时，按包装上的说明煮意面。

等酱汁煮出水分变得浓稠时，加入一把罗勒稍加搅拌。沥干意面的水分，倒入煮酱汁的锅，再稍加搅拌。此时可以加入纯素肉丸，将其煮透。

可直接端锅吃，无需用碗，在上面撒少许坚果帕玛森和一把罗勒即可。

可批量制作

可冷冻

可在冰箱中存放3天

榛香脆皮比萨配辛辣味芝麻菜

我喜欢酥脆可口的比萨！但对于无麸质素食者来说，这可是大忌之一。我在无数家静修会所做过这款无麸质版比萨，也在家里的各种场合做过。希望你和我一样喜欢它。

比萨饼底
将烤箱预热至200℃。将比萨饼底的所有原料倒入碗中，搅拌均匀。混合物会比较稀，几乎和蛋糕面糊差不多。不必担心，这个食谱的面糊本来就该如此。

在烤盘中垫上防油纸（蜡纸），在盘底倒入少量橄榄油。将面糊倒入盘中，务必将面糊摊薄摊匀。

顶料
烤15分钟后，面糊差不多已固化。固化后把面糊从烤箱中拿出来，这时就可以装饰顶料了。我喜欢在这种饼底上抹一层南瓜子意式青酱，撒上红皮洋葱、日晒番茄干、樱桃番茄和灯笼椒。装饰完顶料后，将比萨放回烤箱，再烤15分钟，直至达到你满意的酥脆度。

在享用之前，再在上面撒上大量的罗勒和芝麻菜，再撒一点橄榄油、盐和胡椒。如果你有制作好的夏威夷果版里科塔奶酪，不妨在上面放几勺。

小贴士
比萨饼底可以提前制作，把它放在烤箱里烤好，然后用防油纸（蜡纸）或保鲜膜（塑料膜）包好，冷冻保存。等到想吃的时候取出，届时只需在上面撒上你喜欢的顶料，然后塞进烤箱烤十几分钟，美味即成！

2-4人份

比萨饼底
210克无麸质预拌粉（参见146页）
30克榛仁，倒入咖啡研磨机或食物料理机磨成粉
375毫升水
½茶匙小苏打（碳酸氢钠）
½茶匙盐
2汤匙橄榄油，另外再备少许用于润滑

顶料
4汤匙南瓜子意式青酱（参见151页）
1个红皮洋葱，切片
25克日晒番茄干，切碎
1把樱桃番茄，对半切开
½个红灯笼椒，切片
½个黄灯笼椒，切片
喜马拉雅粉盐和黑胡椒，用于调味

点缀配料
罗勒
芝麻菜
少许橄榄油
香料植物碎（可选）
夏威夷果版里科塔奶酪（参见144页），为可选项但建议在特殊场合使用

可批量制作

不含坚果成分

波伦塔玉米粥配烤番茄和糖浆香蒜

我在不同的国家吃过五花八门的波伦塔玉米粥。我的这个版本将大蒜和烤番茄相结合，堪称罕逢敌手。这又是一款简单易做、暖心暖胃的靓粥。

2人份

14个串收樱桃番茄
橄榄油，用于煎炒
喜马拉雅粉盐
1茶匙椰糖

糖浆香蒜
1根火葱，切片
2个蒜瓣，去皮剁蓉
1茶匙甜椒粉
1茶匙枫糖浆
1汤匙核桃碎

波伦塔玉米粥
1根火葱，切片
1/2个红灯笼椒，切片
70克波伦塔粗粒玉米粉
500毫升水
250毫升植物奶（如需更顺滑的效果，建议用椰奶）

点缀配料
芝麻菜
罗勒

将烤箱预热至220℃，在烤盘中垫上防油纸（蜡纸）。将樱桃番茄放入烤盘，撒上橄榄油，再撒1茶匙盐和1茶匙椰糖，烤20分钟。

糖浆香蒜 在中号锅中倒入橄榄油，再放入火葱和蒜蓉翻炒约5分钟。

加盐和甜椒粉调味，搅拌均匀。等火葱变软后，加入枫糖浆和核桃碎，放一旁备用。

波伦塔玉米粥 接下来制作波伦塔玉米粥。在锅中倒入一些橄榄油，再放入火葱和红灯笼椒，大约翻炒5分钟，直至蔬菜变软。

在锅中倒入粗粒玉米粉和水，中火加热，一边煮一边搅拌。等混合物开始冒泡变得浓稠时，倒入准备好的植物奶稀释。我喜欢用椰奶，因为这种奶更浓郁，不过任何一种植物奶都可以。

等粥的浓稠度恰到好处、变得顺滑迷人时，则可以关火了。将玉米粥舀入盘中，在上面点缀烤番茄和糖浆香蒜，再撒上一把芝麻菜和罗勒。

可批量制作

可冷冻

可在冰箱中存放3
天以上

红薯饼配莳萝腰果酸奶

从哪里说起呢？这是我最心爱的美食之一，它让我想起童年时在斯堪的纳维亚半岛经常吃的鱼饼，这种北欧特色小吃往往离不开柔滑细腻、香气扑鼻的莳萝酱。下肚之后无比惬意，真是天堂的味道！

4个红薯饼，2人份

莳萝腰果酸奶
125毫升腰果酸奶（参见140页）或任何一种植物酸奶
1汤匙橄榄油
1汤匙柠檬汁
1汤匙莳萝碎
1汤匙刺山柑蕾，切丁
喜马拉雅粉盐和黑胡椒，用于调味

红薯饼
2个红薯（500克），去皮切块
1根火葱，切细丁
1个红辣椒，切细丁
½个苹果（70克），切细丁
40克玉米淀粉
椰油或葡萄籽油（这两种油都可以高温煎炸），用于煎红薯饼

点缀配料
西洋菜或菠菜
芝麻菜
什锦绿叶蔬菜

莳萝腰果酸奶 先开始制作莳萝腰果酸奶——将所有原料倒入碗中拌匀，放入冰箱备用。

红薯饼 将红薯块倒入水中煮沸，直至变软。然后倒入滤锅沥水10分钟，直至完全沥干水分。

将红薯块倒入碗中，用叉子或捣碎器压碎，但不要压得太碎，否则它们会变得过于软糯黏稠。

在碗里倒入火葱、红辣椒、苹果以及调味的盐和胡椒，最后倒入玉米淀粉。将混合物分为4个大剂子或6个小剂子，捏成扁平的圆饼。

在中号锅中倒油，烧热之后开始煎红薯饼，每面煎5-10分钟，直至呈金棕色。你可能会忍不住想翻面，但一定要管住自己。等一面煎好定型了再翻面，煎另一面。

将煎好的红薯饼放在防油纸（蜡纸）或厨房纸（纸巾）上吸去油分，在上面倒一大勺莳萝腰果酸奶，点缀一些新鲜的绿叶蔬菜。

小贴士 如果不想煎红薯饼，也可以将它们放入烤箱，上下火200℃烤20分钟，直至呈金棕色，这样就省事多了。红薯饼和莳萝腰果酸奶都可以冷冻保存。

可批量制作

可冷冻

可在冰箱中存放3天

不含坚果成分

马里奥的意式蔬菜盒子

我们博迪❹家永恒不变的真爱。我的意大利公公——也就是那位极富传奇色彩的马里奥来我们家时，总会做这道精致美味的蔬菜盒子。

2人份

2根茄子
1根西葫芦（笋瓜）
2个灯笼椒——1黄1红
1个大个头番茄
1个红皮洋葱或2根小个头火葱，
　切细丁
2把欧芹（60克），切碎
15克无麸质面包糠
少许盐和胡椒，用于调味
一些橄榄油

点缀配料
少许南瓜子意式青酱（参见151页）
罗勒

将烤箱预热至240℃。

趁烤箱预热时，将除洋葱之外的所有蔬菜对半切开掏空。将茄子和西葫芦中间的肉挖出舀到碗中，但番茄和灯笼椒中间的肉可以扔掉。注意还是得留一点肉，不要挖得太干净，关于茄子有一点也得注意：如果茄子的个头非常大，有点偏老，中间的籽可能会有苦味，所以烘焙之前一定得先尝一下。

将红皮洋葱和欧芹倒入碗中，再倒入面包糠、用于调味的盐和胡椒以及一些橄榄油。油要多放一点，不要抠门！把它们拌匀。

在烤盘中垫上防油纸（蜡纸），在盘底倒入少量橄榄油。将蔬菜壳摆在烤盘上，然后将馅料平均分配给它们。

将蔬菜盒子放入烤箱烤15分钟，然后将温度下调至180℃，再烤30分钟，直至蔬菜盒子外酥里嫩。

撒上南瓜子意式青酱和一把新鲜罗勒之后即可享用。这道菜适合搭配面包、藜麦饭和米饭，也可以作为宴席上众多精致美食中的一道。

❹博迪是作者夫家的姓氏。

可批量制作

可冷冻

+3 DAYS

可在冰箱中存放3天以上

西葫芦版辣味瑞士饼配辣椒蛋黄酱、牛油果和焦糖洋葱

这款瑞士饼虽然需要的原料有点多，但做起来其实很容易。把各个组成部分拼到一起之后，你会享受到辣椒的辛香、瑞士饼的酥脆口感以及青柠的清爽。这是一款非常棒的早午餐，也可作为丰盛晚餐的头盘。

2-4人份

焦糖洋葱
3汤匙橄榄油
1个大个头洋葱，切成半月形薄片
1汤匙枫糖浆
少许喜马拉雅粉盐和黑胡椒

辣椒蛋黄酱
110克腰果酸奶（参见140页）或任何一种植物酸奶
1茶匙墨西哥辣椒酱或1个小个头辣椒干
挤少许柠檬汁

瑞士饼
2根大个头西葫芦（笋瓜）（400克）
2汤匙亚麻籽
60毫升水
20克无麸质面包糠
1/4根韭葱，切细长条
1个小个头红灯笼椒，切片
椰油或葡萄籽油，用于煎炸
1/2茶匙红辣椒粉
盐和胡椒，用于调味

点缀配料
1个牛油果，切片
芫荽（香菜）
什锦绿叶蔬菜
球芽甘蓝
青柠角

焦糖洋葱　将橄榄油倒入中号锅加热，再倒入洋葱，慢煎10-15分钟，直至变软。

加盐和胡椒调味，最后趁热加入枫糖浆，使洋葱变得黏稠产生焦糖效果。放一旁备用。

辣椒蛋黄酱　将所有原料倒入碗中，搅拌均匀，辣椒蛋黄酱即制作完成。放一旁备用。

瑞士饼　接下来制作瑞士饼。将西葫芦擦碎，撒一些盐，腌大约20分钟。与此同时开始制作亚麻蛋，将亚麻籽与水混合在一起，泡10-20分钟，直至混合物呈凝胶状。这是植物版本的鸡蛋，用于代替普通鸡蛋。

将西葫芦裹入一块干净的大茶巾之中，挤出多余水分，倒入一只大碗，再倒入面包糠、韭葱、红灯笼椒、亚麻蛋、盐和胡椒。搅拌均匀。

将混合物捏成扁平状小饼，大约为手掌大小，轻轻压平。

在大号锅中倒油，中火加热。将瑞士饼每面煎5分钟，直至呈金黄色，然后翻面，再煎几分钟，直至煎出漂亮的棕色，表皮变得酥脆。

搭配牛油果片、一勺辣椒蛋黄酱、焦糖洋葱以及一些芫荽、什锦绿叶蔬菜和青柠角，美味即成。

小贴士　这款餐品可提前制作，享用前加热即可，招待客人或准备丰盛美味的早午餐时尤其实用高效。

可批量制作

可冷冻

3 DAYS

可在冰箱中存放3天

不含坚果成分

韩式拌饭配什锦蔬菜

这款拌饭的原料丰富多样, 堪称美味组合。这是我心爱的另一款韩国美食, 简单易做, 亦能满足挑剔的味蕾。我在一些场合中也制作这款拌饭作为外带餐品。

按包装上的说明煮米饭。

油煎紫甘蓝

煮饭的时候, 开始煎紫甘蓝。

将火葱和橄榄油倒入中号锅, 煎5分钟, 然后倒入紫甘蓝, 中火至少煎20分钟, 中间稍加翻炒。

20分钟后, 紫甘蓝应该差不多已煎软。

加入日本酱油和枫糖浆, 再煮10分钟。等紫甘蓝煮出漂亮的黏稠感之后, 则可以移火备用。

腌胡萝卜

将所有腌胡萝卜的原料倒入碗中, 搅匀备用。

酸甜酱

混合所有酸甜酱原料。我喜欢把它们装进一个小号玻璃密封罐, 这样可以用力摇匀, 而且不会把厨房弄脏。

煎芦笋

最后是煎芦笋。煎之前先将芦笋、蒜蓉和橄榄油拌在一起腌10分钟, 然后再倒入中号锅, 煎至外脆里嫩。

建议趁着芦笋刚出锅的时候享用这款拌饭。盛好米饭, 每样配料各舀一勺摆在米饭上, 酸甜酱则用小碟或小烤盅盛好放在一旁。在韩国, 人们直接把酸甜酱倒在米饭上, 将所有配料与米饭拌在一起大快朵颐。

小贴士

这是一道绝佳的预制菜, 适合每周制作。只需将数量加倍, 每样单独用容器封装置入冰箱保存即可。一周中只要想吃, 就可以将这款韩式拌饭迅速搭配组合。不过我一直建议米饭现煮, 因为现煮的米饭口感要好得多。

2人份

440克大米

油煎紫甘蓝
1根火葱, 切成半月形薄片
橄榄油, 用于煎炒
½个紫甘蓝, 切薄片
1汤匙日本酱油
1汤匙枫糖浆

腌胡萝卜
2根胡萝卜, 擦碎
1汤匙苹果醋
1汤匙芝麻油
1汤匙黑芝麻
挤少许青柠汁

酸甜酱
80毫升日本酱油
1汤匙芝麻油
1汤匙枫糖浆
1小根春葱(青葱), 切葱花
½个辣椒, 切丁

煎芦笋
150克芦笋
½个蒜瓣, 去皮剁蓉
橄榄油

点缀配料
绿叶配菜, 例如西洋菜

可批量制作

可冷冻

可在冰箱中存放3天

墨西哥卷饼夹核桃馅和苹果芥末沙拉

长期以来，我们家一直是墨西哥玉米饼的忠实粉丝。这道菜不仅为我们家的餐桌带来了家常味道，也带来了几分随性。每当我不知道做什么菜时，选择它准没错，招待厌倦了素食的客户或晚宴客人时尤其如此。

4-6个墨西哥卷饼, 2-4人份

4-6个高品质的墨西哥卷饼皮或
　玉米饼，可直接从超市买

沙拉
½个紫甘蓝
1个红苹果，对半切，去核
1汤匙枫糖浆
1汤匙刺山柑蕾，切丁
1汤匙芥末酱
2汤匙苹果醋

核桃馅
150克藜麦
1个红皮洋葱，切片
2个蒜瓣，去皮剁蓉
橄榄油，用于煎炸
220克核桃仁，切碎
1汤匙墨西哥法吉塔香料或卷
　饼香料
1汤匙番茄泥
盐和胡椒，用于调味

点缀配料
樱桃番茄（可选）
芫荽（香菜）
1勺腰果酸奶（参见140页）或任
　何一种植物酸奶
青柠角

将烤箱预热至200℃。

按包装上的说明煮藜麦，放一旁备用。

沙拉　现在制作沙拉。用切片机或擦菜器将紫甘蓝和苹果处理为薄片，倒入碗中。然后再倒入其他原料和调料，搅拌均匀，用手按摩入味。放一旁备用。

核桃馅　将红皮洋葱、蒜蓉和橄榄油倒入热锅，翻炒大约5分钟，直至洋葱变软。

倒入核桃碎、藜麦、香料和番茄泥，中火另外再翻炒10分钟，直至所有原料完美融合。

做好核桃馅之后，将卷饼皮或玉米饼放入烤箱烤5分钟。烤好后，将卷饼皮或玉米饼放入盘中，夹上沙拉、核桃馅、樱桃番茄（可选）、芫荽、酸奶和用于挤汁的青柠角。

这道菜无与伦比——鲜香至极，回味无穷。沙拉和核桃馅都可以提前制作，要吃的时候拼搭在一起即可。

小贴士　核桃馅可冰冻保存。

共享

盛宴

共享
盛宴

　　大餐和共享拼盘是我的最爱,享用植物性美食时,盘中佳肴的多样性至关重要,这个多样性不只在于质感、口味、营养搭配等层面,更在于颜色层面,也就是卖相!毕竟,享用美食之前,我们先得看对眼了才会动心,是不是?我在世界各地都经营过静修会所,这一章中的许多拼盘都是我们会所的主打美食,亦满足过最挑剔的食客(我指的是被妻子硬拖到静修会所陪妻子练瑜伽和冥想的丈夫!)。如今,我们非常有必要与亲朋好友共享盛宴,在生活节奏不断加快的时候尤其如此。

可批量制作

可冷冻

可在冰箱中存放3天

甜菜根藜麦沙拉配夏威夷果版里科塔奶酪、橙片和酱汁

这是一款色彩明艳、令人一见倾心的沙拉拼盘，也是炎炎夏日时我的最爱。当你渴望一款量比较大的沙拉时，选它准没错。

4人份

1批夏威夷果版里科塔奶酪（参见144页）
柠檬汁，用于调味
盐和胡椒，用于调味

奶酪的点缀配料
1汤匙薄荷
1汤匙欧芹
1汤匙罗勒
喜马拉雅粉盐和黑胡椒，用于调味

甜菜根藜麦
4个小个头甜菜根（红菜头）
440克藜麦

沙拉菜
沙拉用什锦嫩叶
2个橙子，切片
1把薄荷叶
大批量酱汁（参见152页）

使用一批新鲜制作的夏威夷果版里科塔奶酪，让它发酵一天。（发酵过的奶酪会产生益生菌，具有额外的保健功能，发酵还会使奶酪散发一种酸酸的奶香。）然后在奶酪中添加盐、胡椒和柠檬汁，直到咸味和酸味之间达到绝佳平衡。

展开一大张保鲜膜（塑料膜），将所有的奶酪混合物包裹起来——你可以卷成一根细条，也可以卷成一根粗条。我总是喜欢把食材处理成大约　口的大小，这意味着我会把这种奶酪卷成细长的香肠状。卷好之后，放入冰箱静置一小时左右。

静置完毕后，从保鲜膜中取出"香肠"。

在砧板或餐盘上将所有香料植物切碎，把奶酪放在上面滚一滚沾上香料碎，然后切成圆片。

甜菜根藜麦 在大号锅中倒水，将甜菜根倒入，再撒少许盐，大约煮一小时，直至变软。放凉后，倒入搅拌机打成顺滑的菜泥。放一旁备用。

按包装上的说明煮藜麦。千万别放太多水，我喜欢的比例是煮一杯藜麦用一杯水。我一般等水烧开了之后再倒入藜麦，然后把火调小，加盖一直煮，直到所有水分消失。等藜麦煮熟变得松软之后，放一旁冷却。

等冷却后，轻轻将甜菜根泥舀至锅中，直至所有藜麦被均匀覆盖。

沙拉菜 将沙拉叶放入盘中，在上面摆上甜菜根藜麦、再摆上橙片、薄荷叶和裹上了香料碎的夏威夷果版里科塔奶酪，最后浇上清新爽口的大批量酱汁，美味即成。

小贴士 夏威夷果版里科塔奶酪可冰冻保存。

可批量制作

+14 DAYS

可在冰箱中存放14天以上（如要发酵尤其如此）

松露腰果奶酪配焦糖香梨和种子饼干

我的得意之作，也是我能做的最接近真正奶酪的素食版奶酪，更妙的是，它还包含另一种我心爱的原料——松露。如果你有耐心，还可以遵循流程发酵奶酪，虽然需要5至7天，但你的付出绝对值得。

2块类似于卡芒贝尔奶酪的圆片，4人份

种子饼干
85克芝麻
85克亚麻籽
65克南瓜子
65克葵花子
250毫升水
30克无麸质预拌粉（参见146页）

松露奶酪
1批腰果奶酪（参见146页）
橄榄油，用于煎炒和润滑
1根火葱，切细丁
1/2个柠檬挤汁
1汤匙松露油
喜马拉雅粉盐和黑胡椒，用于调味

焦糖香梨
橄榄油，用于煎炒
2个香梨，切片
1汤匙枫糖浆

将烤箱预热至180℃。

种子饼干 将除面粉之外的所有饼干原料倒入碗中，静置30分钟。

等种子吸收所有水分后，倒入预拌粉翻拌均匀。在烤盘中垫上防油纸（蜡纸），舀入面团混合物，然后用刮刀或勺子抹平。撒上盐和胡椒调味，放入烤箱烤10分钟。然后将饼干从烤箱中取出，用一把锋利的刀在热面团上划出方方正正的方块，不要把面团完全切断，切五六分即可，等完全烤好后可以轻松掰开。

将饼干放回烤箱，再烤20分钟，直至烤透变得干燥。

松露奶酪 在锅中倒入橄榄油和火葱，翻炒5分钟，直至柔软透亮，然后移火待用。将腰果奶酪从冰箱中取出，加火葱、柠檬汁和松露油，再加上盐和胡椒调味，混合均匀。这样的奶酪可以当作奶油奶酪直接享用，也可以发酵为2块类似于卡芒贝尔奶酪的奶酪圆片。

如要发酵奶酪，取一个空心的金属圆形模具，在内侧抹上橄榄油。

将防油纸摊在平面上（一个小号砧板或平盘之上），在上面放上模具，再将奶酪混合物放入模具，压平。

不加盖放入冰箱，发酵5-7天，直至奶酪结出一层自然的奶皮。

此时可以将奶酪从模具中取出——发酵已大功告成。

焦糖香梨 在中号锅中倒入橄榄油烧热，再倒入香梨片，翻炒5分钟，直至香梨呈现出漂亮的金黄色。

关火之前，在锅中倒入枫糖浆，洒少许黑胡椒。

我喜欢用香梨和饼干搭配奶酪，这样的奶酪拼盘才叫得体。

可批量制作

可冷冻

可在冰箱中存放3天

糖渍姜黄花椰菜配酸奶酱

说老实话,我并不怎么喜欢花椰菜。但是,如果非要吃的话,我一定会把它制作得无比美味!

2人份(主菜)/4人份(配菜)

80毫升橄榄油
2汤匙枫糖浆
1汤匙姜黄粉
喜马拉雅粉盐和黑胡椒,用于调味
1个大花椰菜头或2个小花椰菜
  头,切成一口大小的小花

酸奶酱
80毫升腰果酸奶(参见140页)
  或任何一种植物酸奶
1茶匙薄荷碎
1汤匙芫荽(香菜)碎
1/2个柠檬挤汁

点缀配料
1把西洋菜或菊苣
1把石榴籽

将烤箱预热至180℃。

将橄榄油、枫糖浆、姜黄粉和调料倒入碗中混合,再在混合物中倒入花椰菜搅拌均匀,每一朵花椰菜都要裹上混合物。将花椰菜放入烤盘,烤30分钟——每10分钟查看一次以免烤煳。

酸奶酱　烤花椰菜的同时可以制作酸奶酱,将所有原料混合在一起,放一旁备用。

花椰菜烤好之后倒入碗中,点缀西洋菜或菊苣,撒上石榴籽,再往上面舀几大勺酸奶酱。

小贴士　花椰菜可以冷冻。

可批量制作

可冷冻

可在冰箱中存放5天

不含坚果成分

瑞典纯素肉丸配胡萝卜泥、纯素肉汁和奶奶的快捷泡菜

我护照上的国籍是丹麦,父亲是挪威人,而我则成长于瑞典。可想而知,我这辈子都深受斯堪的纳维亚文化和美食的熏陶。这是一款古老的瑞典传统菜,我把它改良为素食版本,再配上我奶奶的快捷泡菜。这样的一款餐品实在太治愈了。

4人份

1批史上最美味纯素肉丸(参见154页)

快捷泡菜
1根黄瓜
125毫升苹果醋
3汤匙枫糖浆
少许盐
1汤匙莳萝碎

胡萝卜泥
6根大个头胡萝卜,去皮
125毫升椰奶
喜马拉雅粉盐和黑胡椒,用于调味

纯素肉汁
橄榄油,用于煎炒
1根火葱,切丁
2汤匙日本酱油
1汤匙玉米淀粉
1茶匙椰糖
375毫升椰奶

点缀配料
什锦绿叶蔬菜
越橘(可选)

快捷泡菜 先开始做泡菜。用切片机或芝士刨将黄瓜处理成薄片。

将薄片倒入碗中,再倒入剩下的原料,拌匀放一旁备用。

胡萝卜泥 接下来制作胡萝卜泥。将胡萝卜倒入一个大号锅,煮软沥水。将煮软的胡萝卜和椰奶倒入搅拌机,搅打为顺滑的橙色菜泥。加盐和胡椒调味。

纯素肉汁 将橄榄油倒入锅中烧热,再加入火葱翻炒大约5分钟,直至火葱变软,炒出香味。

倒入日本酱油、玉米淀粉和椰糖,移火放在一旁。在混合物中缓慢倒入椰奶,每次倒一点,边搅边倒,直至混合物成为无结块的面糊。

将锅重新放回火上,小火煮5分钟,直至煮出顺滑油亮的纯素肉汁,放一旁备用。

现在将各个组成部分拼搭在一起。将胡萝卜泥摆在盘中,淋上纯素肉汁,再摆上纯素肉丸,搭配快捷泡菜、什锦绿叶蔬菜。如果准备了越橘,还可以摆入盘中加以点缀。

小贴士 除泡菜之外的所有组成部分均可冷冻。

可批量制作

3 DAYS
可在冰箱中存放3天

烤辣味菠萝配什锦绿叶蔬菜和玛丽罗斯酱

我无比迷恋玛丽罗斯酱，酸酸甜甜的美食组合总能让我胃口大开。这道沙拉可以单独享用，也可以作为共享盛宴中的一道菜，往往人见人爱。而且，它的卖相也非常诱人，让人忍不住一见倾心！

4人份

440克藜麦
1汤匙橄榄油

烤菠萝
½个菠萝
1汤匙橄榄油
少许红辣椒碎
盐，用于调味

玛丽罗斯酱
150克腰果酸奶（参见140页）或任何一种植物酸奶
2汤匙柠檬汁
½茶匙甜椒粉
黑椒，用于调味

点缀配料
2颗嫩叶生菜
什锦绿叶蔬菜和香料植物
2个牛油果，去核切分为4份

烤菠萝

将菠萝切为片状，用橄榄油和红辣椒碎腌一下。这时可以开始煮藜麦。

按包装上的说明煮藜麦，煮好后放一旁冷却。

等冷却后，在中号锅中倒油，再倒入藜麦翻炒至酥脆。

将火调小为中火，一直翻炒将藜麦烤干。

等所有的水分都蒸发后，继续翻炒藜麦，直至其呈现出坚果的棕色，开始"爆裂"——这往往大约需要10分钟。中间要经常翻炒，避免藜麦烧煳。

在烧得滚烫的平底锅（牛排煎锅）中倒入菠萝，直至印上漂亮的烤痕，菠萝片呈焦糖化。放一旁备用。

玛丽罗斯酱

将所有玛丽罗斯酱的原料倒入搅拌机，直到混合均匀，搅打为漂亮、顺滑的纯素蛋黄酱。

将沙拉的各个组成部分拼搭在一起。先摆烤藜麦，然后是嫩叶生菜、什锦绿叶蔬菜、香料植物和牛油果。在上面摆上烤菠萝，再舀上几勺细腻嫩滑的玛丽罗斯酱。

可批量制作

可冷冻

(3 DAYS)

可在冰箱中存放3天

辣味芝麻菜番茄西瓜沙拉配压缩羊乳酪

这是一个终极版的夏日沙拉组合,它使我的心引吭高歌,也令我的味蕾无限欢喜。

6人份

沙拉底料

2颗嫩叶生菜

1颗小个头紫菊苣或苦苣

一些西瓜块

¼个红皮洋葱,切片

1个牛油果,切块

1根黄瓜,刮擦成长条

1些樱桃番茄,对半切

1把西洋菜

1把芝麻菜

1把罗勒

点缀配料

夏威夷果版里科塔奶酪(参见144页)

大批量酱汁(参见152页)

可直接把夏威夷果奶酪当作柔软的里科塔奶酪使用,也可亲自制作压缩羊乳酪,虽然这需要更多时间和精力,但绝对值得!先开始发酵工作,在夏威夷果奶酪中加入½汤匙盐,再将混合物倒入坚果奶袋——这种袋子可以在保健食品店购买,也可网购。

在碗上架好网筛,将坚果奶袋放入网筛,然后在袋子上面压上重物——也可以压一个果酱瓶或任何有重量的东西,以挤出多余液体。将奶酪放入冰箱"老化"24小时。

所有原料准备就绪后,将所有沙拉原料倒入一个漂亮的沙拉碗(记住,美食首先是一场视觉盛宴),精心摆盘。

最后,将夏威夷果版奶酪一勺一勺舀入(比较省事),或者切成厚块倒入(费时但精致),再在沙拉碗旁边摆上一小碟酱汁。不管用哪一种方式,这款沙拉的味道都同样清新解暑,满口生香。

小贴士　　这款羊乳酪可冷冻。

可批量制作

可在冰箱中存放3天

不含坚果成分

什锦蔬菜版海鲜烩饭配牛油果蒜泥酱

在过去的11年里，我一直居住在西班牙。在这款餐品中，我将西班牙地位尊崇的国菜海鲜烩饭改良为素食版本。这款海鲜饭吸满了浓浓的汤汁，香气四溢，顿时就能将人的疲惫一扫而空。

将烤箱预热至220℃。

顶料
将所有顶料蔬菜涂上橄榄油，摊开摆放在垫有防油纸（蜡纸）的烤盘中，放入烤箱烤15分钟。

15分钟后，将烤箱温度调低至200℃，再烤15-20分钟，直至蔬菜内软外酥。

海鲜烩饭
与此同时，在一个大号深锅中放入洋葱，再多倒一点橄榄油，开始翻炒洋葱。炒出香味后，将所有香料以及新鲜番茄和番茄干加入，翻炒5-10分钟。

将大米倒入，轻柔翻炒5分钟，直至米粒均匀地裹上所有香料。在锅中倒入冻豌豆和开水。将中火调为小火，加盖煮20分钟。如果水分迅速蒸发但米饭还没煮熟，可以加水再煮。一步一步来，不要急。

牛油果蒜泥酱
制作牛油果蒜泥酱，将除欧芹之外的所有原料倒入搅拌机，搅打为顺滑诱人的混合物。

最后加入欧芹，搅拌均匀，如有必要可多加一点盐和胡椒。

20分钟后查看海鲜烩饭，确保饭已煮熟无水分。在烩饭上面摆上烤好的蔬菜顶料，摆盘不妨精致一些。

这道菜可以直接端锅吃，无需用碗碟。摆上柠檬角或青柠角，撒上欧芹碎和罗勒碎，再舀上几勺牛油果蒜泥酱，美味即成。

小贴士
这款烩饭当然可以预先制作，享用前放入烤箱加热即可。它是周末招待亲朋好友的炫技之作，势必能艳惊四座。

4-6人份

顶料
200克豆角或芦笋
1个小个头红薯，切片
½个红灯笼椒，切片
1把串收樱桃番茄
橄榄油，用于煎炒

海鲜烩饭
1个洋葱，切丁
1茶匙甜椒粉
½茶匙藏红花
1个番茄，切丁
4个日晒番茄干，切丁
250克艾保利奥米 ❺ 或其他意大利烩饭米
150克冻豌豆
750毫升开水，如有必要可以多准备一些
喜马拉雅粉盐和黑胡椒，用于调味

牛油果蒜泥酱
2个牛油果，去皮去核
1个蒜瓣，去皮剁蓉
1个柠檬挤汁
1汤匙欧芹，切碎

点缀配料
柠檬角或青柠角
欧芹碎和罗勒碎

❺产于意大利艾保利奥的一种短粒米，口感软糯，适合制作意大利烩饭。

可批量制作

可冷冻

可在冰箱中存放3天

如使用植物酸奶代替腰果酸奶则不含坚果成分

穆莎卡❻配青瓜酸乳酪酱汁

4人份

这款餐品值得花时间精心制作，对我而言，它总会勾起我在保加利亚度假时的诸多回忆。我仿佛闻到了外婆和姨母们的厨房里飘来的香气，又仿佛看见自己坐在餐桌旁，看着以烹饪为乐的一家人忙个不停的场景。

将烤箱预热至200℃。

将大号锅中火烧热，倒入韭葱、胡萝卜和一些橄榄油，翻炒5分钟至变软。倒入茄子、土豆、灯笼椒、番茄、香叶和百里香，再翻炒10分钟。

倒入听装番茄碎和蔬菜高汤，中火加盖煮10分钟。

等蔬菜变软之后，将混合物倒入耐热的烘焙盘，放入烤箱烤大约30分钟。

青瓜酸乳酪酱汁

将所有青瓜酸乳酪酱汁的原料倒入碗中，拌匀备用。

现在开始拼搭穆莎卡。将腰果酸奶或你选择的植物酸奶与2汤匙无麸质预拌粉、盐和胡椒混合在一起，如果太过浓稠，可以加少许水稀释。

将烤好的蔬菜从烤箱中取出，在上面倒上顶料混合物——确保整个表面均匀覆盖。预热烤炉，将穆莎卡放入，烤10分钟，直至顶料烤成漂亮的金棕色。

顶料变成金棕色之后，让穆莎卡冷却10分钟，之后则可以搭配青瓜酸乳酪酱汁和一些脆甜的绿叶蔬菜享用。

小贴士

这款餐品最适合批量制作。建议周一制作，这样在剩下的几天里晚餐或午餐便当都可以解决了。而且，它还可以冷冻保存哟！

1整根韭葱，将葱叶和葱白全部切碎
2根胡萝卜，切丁
橄榄油，用于煎炒
1个茄子，切丁
2个质地粉且干的大个头土豆，切丁
1个绿灯笼椒，去籽切丁
2个番茄，切丁
1片香叶
1汤匙百里香叶
1听400克装番茄碎
250毫升蔬菜高汤
500毫升腰果酸奶（参见140页）或任何一种植物酸奶
2汤匙无麸质预拌粉（参见146页）
喜马拉雅粉盐和黑胡椒，用于调味

青瓜酸乳酪酱汁
375克腰果酸奶（参见140页）或任何一种植物酸奶
1/4根黄瓜，切细丁
1/2个蒜瓣，去皮剁成蒜蓉
1汤匙莳萝碎
1/2个柠檬挤汁

❻ 又称茄子肉酱千层派或希腊茄盒，主要使用炒茄子与番茄或西葫芦，通常会加入碎肉，流行于巴尔干、中东等地。

可批量制作

可冷冻

可在冰箱中存放3天

咖喱蔬菜配印度薄荷酱和酥香椰蓉顶料

咖喱菜是一种伟大的发明，你可以将各种各样的蔬菜和香料混在一起煮，它们都能完美融合。这款餐品中的咖喱酱分量比较多，放在冰箱里足够吃好几个星期——每次享用只需在蔬菜中加1-2勺，做好一份咖喱菜会相当容易。

咖喱酱　先开始做咖喱酱，将所有原料倒入搅拌机，搅打成顺滑的酱。装入玻璃罐，放入冰箱保存。这种咖喱酱在冰箱里越放越香。

咖喱菜　舀4汤匙咖喱酱倒入中号锅，和洋葱一起煮5分钟直至洋葱变软，然后倒入茄子、胡萝卜、红薯和西葫芦，翻炒均匀。再倒入椰奶，将火调小为中火，加盖炖大约20分钟。

等蔬菜半软之后，在锅中倒入花椰菜、芦笋和羽衣甘蓝。将所有原料翻炒均匀，不加盖煮10分钟。

酥香顶料　煮咖喱菜的时候可以制作酥香顶料。将所有原料倒入一个小号锅，小火炒芝麻、花生碎和椰蓉，直至所有原料呈金棕色，变得酥脆，然后放一旁备用。

印度薄荷酱　将所有印度薄荷酱的原料倒入碗中，翻拌均匀。放入冰箱冰镇，等咖喱菜煮好再用。

等咖喱菜煮好之后，倒入半袋菠菜叶搅拌一下，美味即成。多吃绿叶蔬菜有益于健康，而且菠菜叶可以令这款咖喱菜更加清新爽口。

在咖喱菜上加一勺印度薄荷酱，再撒上酥香顶料，搭配一片青柠角和几片薄荷叶用于增香解腻。

小贴士　我一直认为，咖喱菜提前做会更入味。这款咖喱蔬菜的每一个组成部分都可以提前做，享用之前稍稍加热即可。你可以把一个星期没吃完的蔬菜都放在里面煮，这可是避免浪费的一个小秘诀！

4-6人份

咖喱酱
3根火葱
10个蒜瓣，去皮
2个红辣椒，如果怕辣1个也可以
1块拇指大小的新鲜姜块，切末
50克新鲜姜黄根或2汤匙姜黄粉
1汤匙枫糖浆
1茶匙盐
250毫升橄榄油
1个青柠挤汁

咖喱菜
1个洋葱，切丁
½根茄子，切丁
1根胡萝卜，切丁
1个红薯，切丁
½根西葫芦（笋瓜），切丁
400毫升椰奶
100克切成小朵的花椰菜
100克芦笋
100克羽衣甘蓝
½袋菠菜叶

酥香顶料
35克黑芝麻
30克花生碎
25克椰蓉

印度薄荷酱
250毫升腰果酸奶（参见140页）或任何一种植物酸奶
2汤匙洋葱碎
100克黄瓜，去籽切细丁
1把薄荷，切碎，再留几片作为装饰

点缀配料
青柠角
香料植物碎
鹰嘴豆烤饼（参见130页）
你喜欢的米饭（可选）

蘸 酱 与

配菜

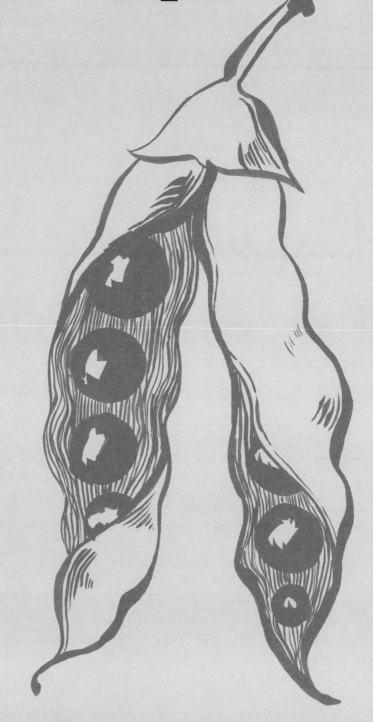

蘸酱
与配菜

我喜欢丰富多样的餐品，这些蘸酱和配菜就能派上用场了。它们可以搭配本书中几乎所有的餐品，以起到锦上添花的作用，也可以作为早午餐或晚餐的配菜。有时间的话不妨批量制作，放在冰箱中保存，随用随取。这一章中的内容都是我们家的不传之秘，不过我很乐意与你分享！

可批量制作

3 DAYS

可在冰箱中存放3天

极品土豆沙拉配莳萝

粉糯绵软的土豆美食，永远让人无法拒绝——我可没夸张！尤其是搭配了坚果、扁豆和绿叶蔬菜的土豆沙拉。最美妙的是，制作这样的一款沙拉绝对零失误。

4-6人份（分享盘）

85克白鲸扁豆
600克小土豆

沙拉酱
60毫升橄榄油
2汤匙苹果醋
1根小个头火葱，切细丁
1汤匙莳萝碎，再另外准备少许用于装饰
½汤匙重口味芥末（我喜欢直击灵魂的芥末）
½汤匙枫糖浆
1汤匙刺山柑蕾碎
1个青苹果，去核切细丁
喜马拉雅粉盐和黑胡椒，用于调味

点缀配料
1把西洋菜
1把嫩菠菜
30克生核桃

按包装上的说明煮扁豆，煮好后沥水放一旁备用。

接下来将土豆倒入一个大号炖锅，加少许盐煮。煮好后沥水放一旁备用。

沙拉酱 将所有沙拉酱原料倒入一只碗，搅拌均匀，使原料完美融合，然后加入土豆和白鲸扁豆搅拌均匀。

西洋菜、嫩菠菜、莳萝叶以及核桃在享用前再加入，以免被沙拉酱浸软，失去爽脆口感。建议立即享用。

小贴士 我觉得这款沙拉在存放一夜后口感会更好，可能是因为所有原料能更好地浸融为一体。不妨试着提前制作，只需把绿叶蔬菜留出来，第二天享用之前加入即可。

可批量制作

可冷冻

5 DAYS

可在冰箱中存放5天

不含坚果成分

椰滑红扁豆泥

4人份

扁豆永远都值得信赖——它易于烹制，可产生饱腹感，添加到任何餐品中都美味无比。我喜欢将这款扁豆泥作为咖喱大餐的配菜，或作为一些自制面包（参见122页）的蘸酱，用于搭配鹰嘴豆烤饼（参见130页）或玉米片尤其美味。

400克红扁豆
1汤匙橄榄油
1根火葱
1汤匙番茄泥
1茶匙漆树粉
1茶匙甜椒粉
2颗摩洛哥甜枣，去核撕碎
250克椰奶
盐，用于调味

点缀配料
青柠角

按包装上的说明煮红扁豆，煮好后沥水放一旁备用。

在大号锅中倒入橄榄油，烧热后倒入火葱翻炒出香味，直至柔软透亮。

倒入番茄泥、漆树粉和甜椒粉，翻炒均匀。

倒入扁豆、甜枣和椰奶，然后转小火。

小火炖扁豆10-15分钟，直至变稠，呈现出顺滑质地，带一点点嚼劲。可直接享用，也可关火加盖，等主菜制作好再作为配菜享用。

小贴士　这是一款非常棒的配菜，可放入冰箱保存，与任何餐品搭配都可起到锦上添花的作用，也可作为涂抹吐司的酱料，甚至可作为炖菜搭配藜麦饭等谷物饭或米饭。

可批量制作

可冷冻

+5 DAYS

可在冰箱中存放5天以上

不含坚果成分

外婆的秘制奶油豆蘸酱配蜜汁甜葱

顶料是这款奶油豆蘸酱的灵魂。它裹满枫糖浆，甜蜜可人，令人为之倾倒。这款蘸酱一直都是我家晚宴餐桌上的宠儿，也是冰箱里的"钉子户"，因为它实在太百搭了。既可作蘸酱用于涂抹，也适合舀上几勺倒入几乎任何一款餐品，都是美味无比的绝配。（图片参见背面）

6人份

蘸酱
400克干奶油豆（利马豆），或听装奶油豆
60毫升水
½个柠檬挤汁
喜马拉雅粉盐和黑胡椒，用于调味

顶料
80毫升橄榄油
1根韭葱，将葱叶和葱白全部切碎
½茶匙辣椒碎（红辣椒碎）
1汤匙枫糖浆
1茶匙甜椒粉

点缀配料
1汤匙欧芹碎或芫荽（香菜）碎
坚果碎和种子碎

蘸酱　按包装上的说明煮奶油豆，如果想偷懒的话，也可以直接使用高品质的听装熟奶油豆。

将所有蘸酱原料倒入搅拌机，搅打成顺滑细腻的奶油状蘸酱。

将蘸酱舀至一只半深碗或半深盘，从底部搅动一下。

顶料　现在可以制作顶料，将橄榄油倒入锅中，中火烧热，倒入韭葱，翻炒约10分钟直至开始变软。加盐调味，再加辣椒碎、枫糖浆和甜椒粉，再翻炒5-10分钟，直至顶料变得黏稠，呈现出迷人的质地。

将顶料均匀铺在蘸酱上面，浇上锅中剩下的、香气四溢的橄榄油。

这款蘸酱适合作为配菜或头盘蘸酱，例如搭配佛卡夏面包（参见122页）。建议提前制作，它可以在冰箱中保存一周。

小贴士　可将这款蘸酱作为冰箱中的常客，它不仅能保存一周，而且搭配任何餐品都浑然天成，亦是鹰嘴豆泥的绝佳替代品。将顶料铺在蘸酱上面，一起冰冻保存。

鹰嘴豆烤饼配秘
腌酥香鹰嘴豆

奶奶的秘制
酸甜腌黄瓜

率智的秘制泡菜

蒜香酸奶西葫芦

外婆的秘制
奶油豆蘸酱
配蜜汁甜葱

可批量制作

可冷冻

可在冰箱中存放2天以上

不含坚果成分

迷迭香佛卡夏面包

是不是有人已看出这是一款无麸质的佛卡夏面包? 没错, 绝对不含麸质, 而且外酥内软, 满口生香。这款面包可以搭配本书中的多款餐品, 它制作简单, 和真正的佛卡夏几乎别无二致。

4-6人份（1烤盘）

370毫升冷水
120毫升开水
1汤匙干酵母或½块新鲜酵母
1汤匙椰糖或枫糖浆
2汤匙橄榄油, 另准备少许用于淋洒
375克无麸质预拌粉（参见146页）
少许喜马拉雅粉盐

顶料
迷迭香和普罗旺斯香草混合香辛料

将烤箱预热至200℃, 在烤盘中垫上防油纸（蜡纸）。

在碗中倒入冷水, 然后再倒入开水。接下来, 将酵母、椰糖（或枫糖浆）倒入, 搅拌均匀, 再倒入橄榄油和少许盐, 继续搅拌, 直至酵母完全融化。

轻轻拌入面粉, 搅拌至所有原料完美融合。混合物可能比较黏湿, 但无须担心, 这是正常现象。用湿布盖住面团, 放在温度高的地方醒发30-40分钟。

在铺好了防油纸的烤盘中撒上橄榄油, 小心地将面团舀入, 用湿手将面团铺平摊匀。最后撒上一些盐、迷迭香和普罗旺斯香草, 将烤盘放入烤箱烤30分钟。

在还剩最后5分钟的时候, 将烤盘放到烤箱最上面的一格, 以便烤上色, 呈现出诱人的金黄色。

等面包烤好后, 将面包转移到烤架上冷却, 之后即可享用。

可批量制作

可在冰箱中存放1天

不含坚果成分

蜜汁芝麻甘蓝脆脆

我在许多场合都做过这款餐品作为餐前小吃。它也是非常棒的电影零食。餐品香浓诱人，而且做起来非常简单!

1-2人份

1袋羽衣甘蓝
1汤匙枫糖浆
3汤匙橄榄油
1汤匙芝麻

将烤箱预热至200℃。摘掉羽衣甘蓝的茎秆扔掉，将叶子放入一只大碗。

在碗中倒入枫糖浆和橄榄油，用手轻轻揉抹，确保每片叶子都能裹上糖和油。

在烤盘中垫上防油纸（蜡纸），将羽衣甘蓝铺在烤盘中。均匀撒上芝麻，将烤盘放入烤箱烤20分钟，中途务必要多加查看以免烤煳。

烤好后的脆片应该呈金黄色，入口酥脆，必须趁热享用。

可批量制作

可在冰箱中存放60天

不含坚果成分

率智的秘制泡菜

韩国的泡菜有数百种之多。泡菜是一种以卷心菜或蔬菜主料、配以多种传统原料的发酵食品。这款泡菜是我的纯素简易版，不过多了一点点我的创新元素。蒜蓉、辣椒和姜末的用量可以根据自己的口味稍加增减。我比较喜欢我的这个泡菜版本，姜末的用量是蒜蓉的两倍。

（图片参见121页）

1小罐或1中罐（取决于卷心菜的个头）

1汤匙盐
½个绿色卷心菜，切细丝
¼个红色卷心菜，切细丝
1根胡萝卜，切长细条
½个红灯笼椒，切细长条

调味酱
½个红灯笼椒，去籽切丁
1汤匙姜末
½汤匙蒜蓉
1根绿色春葱（青葱）
1个红辣椒
少许喜马拉雅粉盐

用盐揉搓卷心菜丝，直至揉出盐水。最后盐渍发酵泡菜需要使用这种盐水。

调味酱　将所有调味酱的原料倒入搅拌机（也可使用研杵和研钵），搅打成酱泥状。

查看揉搓好的卷心菜丝，确保已挤干盐水。轻轻将酱泥抹在菜丝上，再倒入胡萝卜和辣椒，将混合物转移至一个干净的大玻璃罐中，玻璃罐必须有盖子。

务必要将玻璃罐中的卷心菜码好压实，以便能浸泡在卷心菜挤出的盐水之中。所有蔬菜必须浸泡在足够的盐水之中，而且必须压实，这一点非常重要。

将泡菜罐于室温静置至少2-3天，每天至少打开泡菜罐一次，释放掉泡菜的气泡。2-3天后，泡菜就可以享用了，这时可以放入冰箱保存，随吃随取。泡菜在冰箱中仍会继续发酵，但速度会慢得多。

取用泡菜的用具必须清洁，否则可能导致泡菜变质。

泡菜静置发酵的时间越长，风味就越浓郁。

可批量制作

可在冰箱中存放7天以上

不含坚果成分

奶奶的秘制酸甜腌黄瓜

我的挪威奶奶心灵手巧，厨艺高超。在她的影响下，我创制了另外的一整套北欧美食。这款腌黄瓜与任何一种重口味或辛辣口味的餐品都堪称绝配。它酸香可口，略带一丝甜味，入口之后各种味道纷纷冲击挑逗味蕾，有如一场盛大的派对。（图片参见120页）

制作1罐500克装的腌黄瓜

2根黄瓜
1汤匙喜马拉雅粉盐
375毫升水
120毫升苹果醋
120毫升枫糖浆
1片香叶
2个多香果
1汤匙莳萝碎
1汤匙红皮洋葱碎

用切片机或芝士刨将黄瓜处理成薄片，将薄片倒入碗中，用盐揉搓，静置大约20分钟。

将水、苹果醋、枫糖浆、香叶和多香果倒入中号锅煮沸。等煮沸后，立即移火，放一旁冷却浸渍。

洗掉黄瓜上的盐，沥水并尽可能挤干水分。将黄瓜倒入一只中号碗，倒入冷却好的腌汁——腌汁应能完全浸没黄瓜。将所有原料倒入一个干净的玻璃罐，食用前须至少冷藏3-6小时。

如果愿意的话可以多做一些，这款腌黄瓜放在冰箱中至少可以保存好几个星期。只需注意一点，取用泡菜的用具必须清洁，否则可能导致泡菜变质。

可批量制作

可冷冻

可在冰箱中存放5天

不含坚果成分

烟熏漆树豆角

这款美食是我的两位埃及客户传授给我的，她们非常热情，硬要教我做一款传统的埃及美食。自此之后，只要能买到优质的豆角，我便会做这道菜，它成了我们静修会所的一道招牌菜。

4人份

500克豆角或任何一种菜豆（扁豆或法国菜豆均可，取决于你的喜好），去筋
橄榄油，用于煎炒
3-4个蒜瓣，去皮剁成蒜蓉
1个黄皮洋葱，切片
1茶匙漆树粉
½茶匙辣椒碎（红辣椒碎）
1听400克装高品质番茄碎
1-2颗摩洛哥甜枣，去核
喜马拉雅粉盐和黑胡椒，用于调味

点缀配料
新鲜欧芹或芫荽（香菜）
1把西洋菜或火箭菜以及坚果碎

洗净豆角——如果你用的是扁豆，请将每一根切为4段；如果用的是法国菜豆，则每一根切为2段。

在大号锅中多倒一些橄榄油，再倒入蒜蓉和洋葱，轻轻翻炒大约10分钟。

倒入漆树粉和辣椒碎，将所有食材翻炒均匀，之后倒入豆角、盐和番茄碎，加盖小火煮15分钟。

不时查看一下豆角，稍加翻炒。煮到只剩最后10分钟的时候，将1-2颗甜枣撕碎撒入锅中，翻炒均匀。然后不加盖继续小火煮。

这款餐品可以直接吃，也可以提前做好后放在密封容器中保存，想吃的时候再取。我喜欢在上面点缀芝麻菜、坚果碎和一些欧芹或芫荽。

可批量制作

可冷冻

可在冰箱中存放3天

蒜香酸奶西葫芦

这是我夏天去保加利亚看望外婆时经常吃的一道菜,不过我的这个版本是纯素的,它非常适合搭配烧烤餐,也可以作为辛辣餐品的蘸酱清火解辣。

4人份

橄榄油,用于煎炒
4根西葫芦(笋瓜),连皮带肉切成5毫米厚的圆片
½个蒜瓣,去皮
1汤匙莳萝碎
225克腰果酸奶(参见140页)或任何一种植物酸奶
60毫升水,用于稀释腰果酸奶
½个柠檬挤汁,如有必要可多备一些
喜马拉雅粉盐和黑胡椒,用于调味

点缀配料
1把绿叶蔬菜,例如西洋菜或芝麻菜
几枝莳萝

在煎锅(平底锅)中多倒一些橄榄油烧热,放入西葫芦块,每面都要煎,直至两面煎至金棕色,将煎好的西葫芦块夹入碗中。重复这一步骤,将所有的西葫芦块煎好。这一部分工作有点费时,但我保证你的付出绝对值得。我小时候总看见外婆这样煎西葫芦。

等所有的西葫芦都煎好后,将蒜瓣倒入碗中捣碎,然后倒入莳萝碎和剩下的所有原料搅拌均匀,动作务必轻柔,尽量保持西葫芦块的原状。

可立即享用,也可提前做好以后再享用。点缀几枝莳萝和一些绿叶蔬菜,例如西洋菜或芝麻菜。

可批量制作

可冷冻

可在冰箱中存放5天

不含坚果成分

鹰嘴豆烤饼配秘腌酥香鹰嘴豆

这款烤饼集万千美味于一身——酥脆、甜美和辛香无缝融合。它极尽美味之能事，融汇了我热爱的一切元素，可与本书中的多款餐品完美搭配，起到珠联璧合的效果。

4-6人份（制作1大烤盘）

烤饼
140克鹰嘴豆粉
140克无麸质预拌粉（参见146页）
500毫升水
少许喜马拉雅粉盐
1汤匙小苏打（碳酸氢钠）
黑芝麻

焦糖洋葱
2-3汤匙橄榄油
1个黄皮洋葱，切片
½茶匙甜椒粉
2-3颗摩洛哥甜枣，去核撕碎或切细丁

秘腌鹰嘴豆
1听400克装鹰嘴豆，沥干
½茶匙芝麻
½茶匙干欧芹
½茶匙辣椒碎（红辣椒碎）
少许喜马拉雅粉盐

点缀配料
芫荽（香菜）碎和薄荷碎

将烤箱预热至200℃，在烤盘中垫上防油纸（蜡纸）。

烤饼　在碗中混合所有烤饼原料，放一旁备用。

焦糖洋葱　接下来开始制作焦糖洋葱。在锅中多倒一些橄榄油，将洋葱翻炒10分钟，直至洋葱变软炒出香味。

倒入甜椒粉和甜枣碎，翻炒均匀，放一旁备用。

秘腌鹰嘴豆　将鹰嘴豆沥干水分——也可以用厨房纸拍干。将鹰嘴豆倒入碗中，再倒入所有腌料，稍加搅拌，让鹰嘴豆裹上腌料，放一旁备用。

在垫好了防油纸的烤盘中撒少许橄榄油，将烤饼面团铺在盘中。

务必用刮刀将面团铺平摊匀。

在面团上均匀撒上鹰嘴豆，再舀上几勺焦糖洋葱。

确保每一口烤饼都能尝到鹰嘴豆和焦糖洋葱，再撒上一些芝麻。

将烤盘塞入烤箱，烤20分钟。烤好后将烤盘移到烤箱最上一层，再烤5分钟。也可以将烤盘放入烤炉，将鹰嘴豆烤得更酥脆一些，不过务必要多加照看避免烤煳。

从烤箱取出烤饼，转移至烤架上冷却。可作为配菜趁热享用，也可作为餐前面包搭配本章中的任何蘸酱和配菜、再点缀一些香料植物碎享用。

心爱的

基础美食

心爱的
基础美食

欢迎进入基础美食的世界。这一章的餐品均为开胃小食或头盘，它们是本书中多款其他餐品的基础和根基，而且非常适合提前制作。对于意式青酱或坚果奶而言，超市买来的和自制的差别非常明显，你可以尝得出来。将无麸质预拌粉提前混合拌好，比需要的时候将每一样粉面称好克数再混合会轻松得多。花一点时间提前准备还是非常值得的——你可以抽出一天时间专门制作基础美食，以后忙的时候备餐就能省下大把的时间。

可批量制作

可冷冻

可在冰箱中存放3-4天

不含坚果成分

快捷火麻奶

这是你在家自制的最不费力的乳品之一, 也是在我赶时间时制作乳品的首选, 用来做冰沙尤其理想。

1人份

50克去壳火麻籽
500毫升水

添加物
½根香草豆荚 (刮出香草籽) 或
  少许香草粉
去核甜枣, 用于增加甜味
肉桂粉, 用于调味
小豆蔻粉, 用于调味

将火麻籽和水倒入搅拌机, 搅打成乳状混合物。

这款乳品无须过筛, 直接饮用即可。这是你能制作的最不费力的植物奶!

添加物　　如要给火麻奶增加风味, 可以放一些我建议的添加物。这款乳品可以在冰箱中保存3-4天, 用玻璃瓶盛放的保鲜效果最佳。

可批量制作

可冷冻

可在冰箱中存放4天

开心果奶

开心果奶是我们在超市里买不到的一款乳品，因此自己亲手制作还是非常值得的。无论是作为冷饮，还是作为粥品的顶料，都香醇滑稠，令人怦然心动。制作所有类型的坚果乳品时，都需要先将坚果作浸泡处理，这是一个非常关键的步骤，坚果泡软后搅打起来会更轻松。

制作1升

110克开心果
1升水
少许盐
½根香草豆荚（刮出香草籽）或少许香草粉
1茶匙枫糖浆
1茶匙玫瑰水（可选）

将开心果浸泡1小时，你只需把开心果倒入碗中，再倒入足以没过它们的水即可。浸泡1小时后，沥干开心果的水分，将它们倒入搅拌机。浸泡开心果的水扔掉，在搅拌机中倒入新鲜的水，将混合物搅打为顺滑的浅绿色奶液。这时需要将果肉过滤出来，你可以在滤勺上垫上薄纱布，可以使用坚果奶袋，也可以将细滤网架在碗上，这些都是非常好的过滤工具。将奶液倒入，过滤出果肉。

将过滤后无杂质的奶液倒回搅拌机，加入盐、香草以及你喜欢的甜味剂，将所有原料搅打融合。

将成品倒入干净的玻璃杯，放入冰箱保存，随用随取。这款开心果奶可冷藏保存4天。

小贴士　奶液中过滤出来的果肉可以用来制作能量球，或放入冰箱备用，等制作冰沙时再加入。开心果果肉富含纤维，不要浪费。

可批量制作

可冷冻

可在冰箱中存放4天

杏仁奶

一款经典乳品, 就算从头开始做也轻而易举。如今, 我们许多人图省事情愿直接去超市买杏仁奶, 不过我可以负责任地说, 自制杏仁奶的味道要清爽得多, 你可以尝得出来。

制作1升

60克生杏仁
1升水
少许盐

添加物
½根香草豆荚 (刮出香草籽) 或
　少许香草粉
去核甜枣, 用于增加甜味
肉桂粉
小豆蔻粉
姜黄粉
丁香粉
橙皮或柠檬皮

开始浸泡杏仁, 至少浸泡12小时或一整晚。

水往往会变黄变脏, 所以务必至少换一次水。

泡好之后, 将杏仁沥干倒入搅拌机。倒掉浸泡杏仁的水, 在搅拌机中倒入新鲜的水, 将混合物搅打为泡沫丰富的奶液。

这时需要将果肉过滤出来, 你可以在滤勺上垫上薄纱布, 也可以使用坚果奶袋, 甚至可以将细滤网架在碗上, 这些都是非常好的过滤工具。将奶液倒入, 过滤出果肉。

将过滤后无杂质的奶液倒回搅拌机, 加入少许盐, 搅打融合。

将成品倒入干净的玻璃杯, 放入冰箱保存, 随用随取。

这款杏仁奶可冷藏保存4天。

添加物　　可随意使用添加物中的食材。即便只添加一丁点, 也能起到画龙点睛的妙用。

小贴士　　有些坚果浸泡之后可以除掉上面的酶抑制剂, 这类坚果浸泡之后更容易消化, 而且营养也更容易被吸收。

可批量制作

可冷冻

可在冰箱中存放7天

如用葵花子代替腰果则
不含坚果成分

腰果酸奶

这是本书中最重要、也最百搭的一款基础美食之一。腰果的味道柔和低调，使这款酸奶得以成为本书中多款餐品的绝佳基底。它制作简单，而且保存时间也非常长。

制作1罐500克装

280克腰果
250升水
½粒益生菌胶囊

将腰果浸泡2小时。你只需把腰果倒入碗中，再倒入足以没过它们的水即可。泡好之后，沥干腰果的水分，将它们倒入搅拌机。浸泡腰果的水倒掉，在搅拌机中倒入新鲜的水和益生菌胶囊，将混合物搅打为顺滑的奶液。

如果你用的是高速搅拌机，不要把速度调得过高，以免破坏益生菌的活性。

搅打完成后，将奶液倒入玻璃或塑料容器。不要用金属容器，金属容器会使奶液无法发酵。容器不要放冰箱，室温发酵24小时，上面用薄纱棉布盖住，以便奶液在透气的同时免遭昆虫的侵袭。

24小时后，奶液会产生轻微气泡，这说明已发酵成功，这时需要好好搅拌一下。将玻璃容器盖好盖子，放入冰箱保存，随用随取。

这款酸奶可冷藏保存7天。

小贴士

如果赶时间的话，可以用开水浸泡腰果，15分钟即可软化。搅打前一定要先用凉水浸一下。我建议浸2小时，不过我知道大家都是忙碌的小蜜蜂，你懂的！

如果你对坚果过敏，不妨用葵花子代替腰果——遵循同样的用量和方法即可。

可批量制作

可冷冻

5 DAYS

可在冰箱中存放5天

如用葵花子代替腰果则
不含坚果成分

腰果奶酪

制作方法和原料与制作腰果酸奶一模一样,但一般用作奶酪基底。它和腰果酸奶的区别在哪里呢? 这个版本更浓稠,所以适合制成腰果奶酪。

制作1罐500克装

280克腰果
125升水
½粒益生菌胶囊

制作方法和腰果酸奶的一模一样,不过水的用量减半。混合物更浓稠一些,所以更适合制成奶酪。

可批量制作

可冷冻

7 DAYS

可冷藏或室温保存7天

杏仁黄油

这是一款餐柜必备良品,在本书中从头到尾无处不在。这款黄油制作简单,成本也比较低廉,而且保质期还很长。最妙的是,其口感远胜于你在超市里买的任何一款黄油。

制作1罐500克装

240克生杏仁
160毫升融化的椰子黄油
½茶匙肉桂粉
½茶匙小豆蔻粉
少许肉豆蔻碎
少许盐
1整根香草豆英,稍微切碎(我制作坚果黄油时喜欢把香草豆英连籽带壳全部用掉,一点也不浪费)

将杏仁倒入食物料理机,搅打成细粉,然后再继续搅打大约5分钟。

将其他原料倒入,搅打成顺滑细腻的黄油状混合物。

将杏仁黄油装入干净的玻璃罐,室温保存。如果你决定将它放入冰箱,请记住这有可能导致杏仁黄油固化。

可批量制作

可冷冻

可在冰箱中存放7天

如用葵花子代替腰果则
不含坚果成分

椰子酸奶

如今超市里的椰子酸奶随处可见。自己从头做
虽然有点费时,但等你尝到它的味道时,肯定
会觉得一切都值得。

制作1罐500克装

150克腰果
250毫升椰子水
1个椰青的果肉(直接买开好的
　椰青,或自己开椰青,然后一点
　一点地刮果肉)
½粒益生菌胶囊

将腰果浸泡2小时,只需把腰果倒入碗中,再倒入足以没过它们的水即可。

用开椰器打开椰子,或者用剁骨刀呈90度角开椰子。

如果你以前没开过椰子,操作的时候一定要小心。

过滤掉椰子水的杂质,将其放一旁备用。这时可以开始刮椰肉,将椰肉上面的任
何棕色部分切掉。

将腰果沥干,与椰肉、椰子水和益生菌一起倒入搅拌器,搅打成顺滑的混合物。

如果你用的是高速搅拌机,不要把速度调得过高,以免破坏益生菌的活性。

搅打完成后,将奶液倒入玻璃或塑料容器。不要用金属容器,不然奶液就无法
发酵了。容器不要放冰箱,室温发酵24小时,上面用薄纱棉布盖住,以便奶液能
够透气。

24小时后,奶液会产生轻微气泡,这说明已发酵成功。

好好搅拌一下,将玻璃容器盖好盖子,放入冰箱保存,随用随取。

这款椰子酸奶可冷藏保存7天。

如果要增加风味的话,可以在酸奶中添加柠檬皮、香草、橙皮或你喜欢的甜味
剂。我喜欢挤一点枫糖浆或一滴香草精。

小贴士 　如果你要做快捷版的椰子酸奶,可以不加益生菌,略掉发酵的步骤。混合物搅打
　为顺滑的奶液后即可享用。

可批量制作

可冷冻

可在冰箱中存放7天

夏威夷果版里科塔奶酪

制作1罐500克装

丝般柔滑, 口感浓郁。从口感上而言, 这款植物奶酪已极其接近真正的里科塔奶酪。做一次便可以享用一周。它可以变化出无数种口味选项, 而且在本书中的多款餐品中都用得到。

280克夏威夷果
160毫升水
½粒益生菌胶囊
少许盐

将夏威夷果浸泡2小时, 只需把夏威夷果倒入碗中, 再倒入足以没过它们的水即可。

将坚果沥干, 与水和益生菌一起倒入搅拌器, 搅打成顺滑的混合物。由于这是里科塔类型的奶酪, 所以纹理会呈一点颗粒状, 其实我个人就偏爱这种质感。如果你用的是高速搅拌机, 不要把速度调得过高, 以免破坏益生菌的活性。

搅打完成后, 将混合物倒入玻璃或塑料容器。不要用金属容器, 不然奶酪无法发酵。容器不要放冰箱, 室温发酵24小时, 上面用薄纱棉布盖住, 以便奶酪能够透气。

24小时后, 奶酪会产生轻微气泡。将容器盖好盖子, 放入冰箱保存, 随用随取。这款奶酪可冷藏保存7天。

小贴士　这是一款冰箱中的必备基础美食。乳制品是最难替代的一类食品, 植物乳品无论从口感还是从幸福感来讲都与真正的乳制品有一定距离。我的许多客户都有乳糖不耐症, 这款植物奶酪可以让他们的饮食多一点幸福感, 被称作大救星可谓实至名归。

可批量制作

可冷冻

14 DAYS

可在冰箱中存放14天

坚果帕玛森

我丈夫有一半意大利血统，他爸爸是意大利人。我知道我得设法在一些餐品上撒上类似于帕玛森奶酪的顶料，它们和意面、沙拉或烩饭都是绝配。

制作1罐150克装

60克杏仁粉
60克无盐榛仁，如果偷懒的话也可以用熟榛仁
1汤匙盐

添加物
辣椒碎（红辣椒碎）——适用于无辣不欢人士
1茶匙营养酵母——适用于完全素食者

如果榛仁不是预先就烤好的，那我们的第一步是烤榛仁。将榛仁倒入烧热的煎锅（平底锅），小火翻炒成棕色，然后冷却备用。

冷却后，将它们用研杵和研钵捣碎，也可以直接用食品料理机或咖啡研磨机处理成均匀的粗粒。

只需将这些粗粒与其他原料混合在一起便大功告成，以后无论是享用意面、沙拉或任何可以撒帕玛森奶酪碎的餐品，都可以撒上一些。

添加物　这两种添加物任选一种均可使坚果帕玛森更具层次感。

倒入密封玻璃罐，放入冰箱可保存两个星期。

小贴士　可在混合物中加1茶匙营养酵母，这种酵母散发奶酪的香气，味道微酸，有助于提升整体口感。不过如果你对这种味道不感兴趣的话，也可以不用。

可批量制作

可冷冻

可在冰箱中存放5天以上

不含坚果成分

香草卡仕达酱

我从小就喜欢卡仕达酱,它是我童年时须臾不可分离的美食之一。这款卡仕达酱香浓诱人,不仅可以代替真正的卡仕达酱,还能成为多款甜点的理想基底。

制作500毫升, 4人份

2汤匙极其细腻的玉米淀粉
500毫升椰奶（建议买利乐包椰奶, 这种椰奶的奶液始终柔滑细腻, 绝不会水奶分离）
3汤匙枫糖浆
1整根香草豆荚, 刮出香草籽

将玉米淀粉和少许椰奶倒入中号锅, 中火加热, 边煮边搅直至细腻无结块。然后倒入剩下的原料, 包括刮过籽的香草豆荚, 毕竟里面仍然含有许多天地精华, 继续搅拌, 使玉米淀粉和香草完全融入椰奶之中。

一直搅拌直至卡仕达酱开始变稠, 等混合物开始煮沸之后, 立即关火, 使混合物自行冷却。

可批量制作

可冷冻

可在冰箱中存放3天以上

不含坚果成分

无麸质预拌粉

超市里卖的许多种无麸质预拌粉的品质都不稳定。这款预拌粉我建议你一次做两批, 你以后肯定会感谢我的。它不仅实惠, 更重要的是, 用起来极其顺手!

制作900克

210克糙米粉
140克荞麦粉
40克糯米粉
40克燕麦粉
40克马铃薯粉
40克木薯粉

将所有粉混合在一起, 装入密封容器保存。

可批量制作

可冷冻

7 DAYS

可在冰箱中存放7天

不含坚果成分

超级面包

我对面包永远爱得深沉。毫不夸张地说，发现自己对麸质不耐受之后，我那一天都仿佛丢了魂。烘焙店的无麸质面包虽然种类繁多，但我还是决定自创一款满口生香的面包。爱尔兰传统的苏打面包激发了我的灵感，我想我也可以制作这个版本的无酵母面包，还能纵享双重美味！

制作1条

280克无麸质预拌粉（参见146页）
40克亚麻籽粉
1茶匙小苏打（碳酸氢钠）
少许盐
½个红苹果或绿苹果，切片
625毫升水

添加物
南瓜子
黑芝麻
葵花子

将烤箱预热至170℃。

将所有干性原料倒入碗中。

将苹果和水倒入搅拌机，搅打至完全融合。

将苹果水与干性原料混合在一起，翻拌成粥状混合物。

盐、小苏打和苹果中的糖分会相互激发，使面包更轻盈更松软。

将混合物放入450克装的吐司盒中，也可使用高品质的硅胶模具，我比较喜欢硅胶模具。如果你喜欢的话，可以在上面撒上一些种子，烤45-60分钟，直至面包呈金棕色。45分钟后打开烤箱查看，在面包中间插入烤串用的竹签，抽出来看上面是否干爽不挂糊。如果是，可以关掉烤箱，让面包在烤箱中静置15分钟。

静置完毕后，将面包放到烤架上自行冷却。这款面包放在冰箱中可保存一个星期，建议切片冷冻，想吃的时候就可以扔进烤面包机烤一下，非常简单。

小贴士　最好室温保存一天后再放冰箱，这样会使面包更紧实，更容易切片，而且可以保存得更久。这款面包也适合冷冻保存，不过一定要先切片。

可批量制作

可冷冻

可在冰箱中存放14天

不含坚果和酵母成分

南瓜子意式青酱

青酱是我们家冰箱中的常客之一,它保存时间长,搭配任何餐品都浓郁诱人,而且制作起来超级简单。这款独特的青酱不含坚果成分,它的主料是南瓜子,专门为坚果过敏的客户创制。我个人认为,南瓜子的味道更有深度,而且还能提供一些绝妙的营养价值——连我那位拥有100%意大利血统的公公都对它赞不绝口。

制作1罐250克装

250毫升橄榄油,另备少许用锁鲜
120克南瓜子
1把罗勒 (30克)
1个蒜瓣,去皮
½茶匙盐
½茶匙黑胡椒

将所有原料倒入搅拌机,搅打成漂亮的青酱。

你可以根据个人喜好将青酱搅打成顺滑状,也可以搅打成颗粒状。

小贴士　　这款青酱有一个值得称道之处,那就是它能在冰箱中至少保存两个星期。

将它舀入干净的储物罐之后,一定要在青酱上面淋一层橄榄油,橄榄油可是天然的防腐剂。在青酱上淋大约一厘米深的橄榄油就足够了。

可批量制作

可冷冻

可在冰箱中存放7天

不含坚果成分

大批量酱汁

蔬菜一般比较乏味寡淡，不过我要告诉你，上好的酱汁可以化腐朽为神奇。如果能在冰箱里常备一款口味浓郁的酱汁就更妙了。这款酱汁的原味版本已足够美味，再加上添加物则更如烈火烹油，鲜花着锦。一种口味吃腻了，还可以换一种添加物，将酱汁变身为另一种口味。

制作1罐500克装

250克橄榄油
80毫升苹果醋
½汤匙盐
1汤匙第戎芥末
1汤匙枫糖浆
胡椒，用于调味

添加物
莳萝
火葱
红皮洋葱
芝麻
虾夷葱

取一个小号玻璃罐，将所有原料倒入，好好摇几下。这款酱汁放在冰箱中可保存一个星期，如果你觉得原味酱汁有些乏味，不妨加一点备选的添加物，体验一下直击灵魂的感觉！

小贴士　　我喜欢用回收的玻璃罐盛放这类酱料。相信我，这款酱汁你一旦拥有便难以放手！

可批量制作

可冷冻

5 DAYS

可在冰箱中存放5天

不含坚果成分

史上最美味纯素肉丸

我已经找到了纯素肉丸的制作秘诀！我非常喜欢瑞典肉丸，这是我能制作的最接近原版的纯素肉丸。不论是口味、酥脆度还是质感都堪称完美，而且做法还非常简单。这款纯素肉丸相当惊艳——希望你和我一样喜欢！（图片参见75页和101页）

制作8个大的或14个小的

75克糙米
2-3汤匙橄榄油
1个洋葱，切细丁
1枝百里香
6汤匙日本酱油，如果口味重可以多备一点
1汤匙第戎芥末
240克高品质听装或罐装黑豆（可从超市买），沥水
60克燕麦麸
3-4 汤匙葡萄籽油或橄榄油

按包装上的说明煮糙米。

将橄榄油倒入中号锅烧热，倒入洋葱、百里香、3汤匙日本酱油和芥末翻炒。炒5分钟直至洋葱变软，煮出香味。煮好后，关火，放一旁备用。

将洋葱混合物和黑豆倒入食物料理机。不要过度搅打，直至混合物变得黏稠顺滑即可。

将混合物倒入碗中，再倒入燕麦麸、煮熟的糙米以及剩下的3汤匙日本酱油，搅拌均匀。

在烤盘中垫上防油纸（蜡纸），用小号或大号冰激凌勺将混合物舀出来，轻轻滚动，使其形成圆球状。

将它们放在防油纸上摆好，准备用油煎。

在中号锅中倒入油烧热，将素肉丸放入锅中煎，直至外酥里嫩（每面煎差不多5-10分钟）。

这款素肉丸适合搭配本书中的多款餐品。可作为配菜，亦可作为盖浇饭的浇头，还可以夹三明治配意面，总之极其百搭，能变化出无数花样！

小贴士　这款素肉丸可以提前做好，放在冰箱里保存，想吃的时候就拿出来煎。它也可以放在烤箱里烤。将烤箱预热至200℃，烤20-30分钟，直至外皮酥脆即可。如果你肠胃不好，患有乳糜泻，原料中的燕麦麸一定不能含麸质。

浓情

甜 点

浓情
甜点

咸、鲜、酸、辣和甜五味俱全是享用美食的关键因素之一。数百年以来，先人们在代代相传的知识中已反复强调了这一点，这甚至已成为多种文化的共识。我们必须遵循人类的渴望，所以就有了这个浓情甜点系列。它们都是我的招牌餐品，其灵感源于我的童年、我游历世界的探险经历以及我的客户——最后同样重要的是——源于我们家庭喜欢的甜点。这一章的餐品适合纵情享受。柔情蜜意，人生至乐！

可批量制作

可冷冻

可在冰箱中存放7天

榛仁巧克力球

巧克力令你喜上眉梢,使你心花怒放——这是不容辩驳的事实! 请务必多做几批,因为它们很快就会消失。这款巧克力球是绝佳的节日甜点,其实也适合任何场合。

制作10个小球

80克榛仁,另备10整粒用作芯料
80克杏仁粉
3汤匙可可粉
60毫升椰油
2汤匙花生酱
3颗摩洛哥甜枣,去核

脆皮
200克黑巧克力,可可脂含量为
 90%或70%

点缀配料
榛仁碎
干花瓣(用于特殊场合)

将榛仁倒入一个小型搅拌机,搅打成粉状。然后按 "点动" 按钮,直至混合物变得略微黏稠。倒入其他原料,搅打成黏稠细滑的混合物。

用勺子舀出一口大小的混合物,将一整个榛仁塞入中间,用手搓成球状,放在垫好了防油纸(蜡纸)的烤盘之上。

重复操作,直至搓好10个小球,然后放入冰箱静置10-15分钟。

与此同时,将巧克力掰碎水浴加热——可以将巧克力倒入一个耐热碗,再在炖锅中烧开水,将碗放入锅中加热,碗里面的巧克力不能碰到水。边加热边搅拌,直至巧克力融化。将碗从中锅中取出。

脆皮和顶料 在砧板或盘子上铺上防油纸(蜡纸),将小球从冰箱中取出来,轻轻放入融化的巧克力酱中蘸一下,稍稍滚动,直至涂满巧克力。将裹了巧克力酱的小球放在防油纸上,撒上榛仁碎和一些干花瓣。放入冰箱静置。

这款香浓诱人的 "宝石" 可在冰箱中保存一个星期,但往往很快就会被一扫而光!

可批量制作

可冷冻

可在冰箱中存放7天

巧克力曲奇饼干

失控警告！这款饼干一旦出炉，你就会吃得停不下来！它适合随身携带，工作累了需要补充能量时就能派上用场了，将它作为外带餐食用于充饥也是一个不错的选择。

制作8个大的或14个小的

280克整粒生腰果
160克杏仁粉
125克椰油

咸枣焦糖酱
8颗摩洛哥甜枣，去核，用水浸泡1小时，预留4汤匙浸泡甜枣的水
1汤匙杏仁酱或花生酱
½根香草豆荚，切细切碎
少许盐

添加物
100克黑巧克力碎

将烤箱预热至180℃。在搅拌机中倒入腰果，搅打成细粉。注意不要搅打过度。将杏仁粉和椰油倒入，再搅打直至均匀混合。将混合物倒入碗中。

咸枣焦糖酱　将所有焦糖酱原料倒入干净的搅拌机中，搅打成顺滑的焦糖状混合物，放一旁备用。用勺子将焦糖酱混合物舀入碗中，再倒入坚果粉混合物和巧克力碎，用大勺子缓慢翻拌——不要过度搅拌，否则入口之后便会失去巧克力碎和咸枣焦糖酱带来的惊喜。

在烤盘中垫上防油纸（蜡纸）。舀一勺曲奇饼干"面团"（建议用标准的冰激凌勺，大号或小号皆可，具体取决于你希望曲奇是大块还是小块），将"面团"整形成球状放到烤盘上，不需要按平。

放入烤箱烤10-15分钟，直至曲奇饼干变为淡淡的金棕色。

将烤盘从烤箱中取出，放在烤架上完全冷却。冷却后，将曲奇饼干放入密封容器，可在冰箱中保存一个星期。

可批量制作

可冷冻

可在冰箱中存放5天

草莓奶油蛋糕

草莓是我最爱的浆果之一，它和椰子、百里香是绝配。这款蛋糕是我的心头爱物，希望你也喜欢。

整块蛋糕（可切为10小块）

蛋糕底
135克椰蓉
125克杏仁粉
60毫升椰油
少许盐

馅料
500克草莓
1根香草豆荚，切碎
70克腰果，用冷水至少浸泡2小时，或用热水泡15分钟
60毫升椰油

顶料
100克草莓，对半切
3枝百里香

点缀配料
草莓
薄荷叶

蛋糕底　开始制作蛋糕底，将所有蛋糕底原料倒入搅拌机，搅打成略微黏稠的混合物。在一个900克装的吐司盒中铺上保鲜膜（塑料膜），以便蛋糕能轻松脱模。将混合物倒入，轻轻均匀压平，就像制作传统的芝士蛋糕底一样。

馅料　将所有馅料原料倒入高速搅拌机，使所有原料完全融合，呈现出均匀迷人的粉色。

顶料　将馅料混合物倒入吐司盒，在馅料边上均匀摆放对半切的草莓，再点缀几枝百里香。将吐司盒放入冰箱冷藏2-3小时。

享用前30分钟将蛋糕从冰箱中取出，使其变软。

在蛋糕上点缀新鲜草莓和几片薄荷叶，美味即成。

小贴士　这款蛋糕可提前制作，非常适合夏日解暑消乏。

可批量制作

可冷冻

可在冰箱中存放5天

巧克力甘纳许蛋糕

6人份

这是一款晚宴派对的完美作品,养眼悦目,艳惊四座。如果你希望亲朋好友认为你已穷毕生之力制作了一款蛋糕,这位"绝世美人"就是最理想的出镜王!

蛋糕底
240克榛仁
2汤匙可可粉
6颗摩洛哥甜枣,去核,浸泡1
　小时
1汤匙椰油
少许盐

馅料
250毫升椰油
120克可可粉
60毫升枫糖浆

顶料
少许海盐片
1个橙子的橙皮或½个葡萄柚
　的柚皮

点缀配料
浆果和水果

在一个20厘米(8英寸)活底蛋糕模中垫上保鲜膜,以便蛋糕脱模。

蛋糕底 开始制作蛋糕底,将所有原料倒入搅拌机或食品料理机,搅打成黏稠的混合物。

将混合物倒入垫好保鲜膜的蛋糕模,压平压实。用一个拇指按住混合物边缘往蛋糕模上挤,另一个拇指按在混合物上用于整形,做出漂亮的花边。然后将蛋糕模放入冰箱冷藏静置10分钟。

馅料 将所有原料倒入一个小号炖锅,中火加热。不要过度加热。

如果椰油是固体状,得等它先融化再倒入其他原料,之后将所有原料加热成闪亮诱人的混合物,关火备用。如果椰油已融化,则只需将所有原料一起倒入加热即可,注意不要过度加热。

顶料 将混合物倒入馥郁精致的馅饼皮,在上面均匀撒一些海盐和橙皮或柚子皮,然后放回冰箱静置3个小时,直至完全固化。

小贴士 这位"绝世美人"可提前制作,她的风采足以惊艳派对上的任何一位客人,上面可以点缀浆果和水果增加一些清新的酸香。

可批量制作

可冷冻

可在冰箱中存放5天

樱桃杏仁蛋糕

这款蛋糕只消吃上一口，便能让我想到这世间的所有慰藉和温情。我知道这样的话我已说过太多，但它真的是本书中我的最爱之一。不要觉得给樱桃去核很麻烦，你的付出绝对值得!

整块蛋糕（可切为6小块）

140克无麸质预拌粉（参见146页）

200克杏仁粉

250毫升杏仁奶或植物奶，从超市直接买或自制皆可（参见137-139页）

125毫升枫糖浆

125毫升融化的椰油

1茶匙泡打粉

½茶匙小苏打（碳酸氢钠）

少许喜马拉雅粉盐

1根香草豆荚，刮出香草籽

300克樱桃，对半切去核，留几个完整的用于点缀

点缀配料

香草卡仕达酱（参见146页）

将烤箱预热至180℃。

在一个20厘米（8英寸）蛋糕模中垫上防油纸（蜡纸），或使用高品质的硅胶蛋糕模。

将除樱桃之外的所有原料倒入食品料理机，搅打约5分钟，直至所有原料完美混合。

将混合物倒入蛋糕模，在上面精心摆放樱桃，确保每一口都能咬到樱桃。

将蛋糕模放入烤箱中层，烤35分钟。等到最后5分钟的时候，将烤盘移至上层，使表面烤出漂亮的金棕色。

将蛋糕模从烤箱中取出，转移到烤架上冷却。我喜欢在这款蛋糕上舀上几大勺我心爱的香草卡仕达酱，再摆几个新鲜樱桃作为装饰。

可批量制作

可冷冻

可在冰箱中存放5
天以上

太妃糖布丁配太妃糖酱

6人份

得知自己对麸质不耐受之后，我郁闷了很长时间，令我尤其痛心疾首的是，以后那些心爱的甜点通通只能变为"路人"。不过我向你保证，这款无麸质布丁比原版更美味。

将烤箱预热至190℃。在一个20厘米（8英寸）的方形蛋糕模中垫上防油纸（蜡纸），或使用高品质的硅胶蛋糕模。

开始制作布丁。将杏仁奶和甜枣倒入小号炖锅，小火煮5-10分钟，直至甜枣变软，放一旁备用。

将椰糖和椰油倒入搅拌器，搅打至椰糖分解。

在杏仁奶和甜枣的混合物中加入小苏打——混合物会开始冒泡并发出嘶嘶的声音，这是正常现象。

将预拌粉、香草、香料、少许盐、椰糖和椰油的混合物以及杏仁奶和甜枣的混合物倒入碗中，将所有原料搅拌均匀。

将所有原料的混合物倒入蛋糕模，放入烤箱烤30分钟。

太妃糖酱

烤布丁的同时可以制作太妃糖酱。将椰糖和椰奶倒入锅中，中火加热，使其煮透。

加入盐，使混合物煮开，然后转小火煮20分钟，直至煮成浓稠的焦糖状。为避免煮煳，煮的时候需要不时搅拌一下。要想知道是否已煮好，可以将勺子放入糖酱，如果糖酱挂在勺背上，表明已煮好。

如果口味重可以再加一点盐搅匀。这时可以直接享用，也可以等冷却了放入玻璃罐保存——冷却后糖酱会更黏稠。

布丁烤好后，转移到烤架上冷却。享用时可搭配自制的卡仕达酱，再淋一点浓稠的太妃糖酱。

小贴士

布丁、卡仕达酱和太妃糖酱都可以冷藏或冷冻保存很长时间——不过你得管住自己的手，别老想着吃！

250毫升杏仁奶或植物奶，从
　超市直接买或自制皆可（参见
　137-139页）
300克摩洛哥甜枣，去核
80克椰糖
125毫升椰油
1茶匙小苏打（碳酸氢钠）
95克无麸质预拌粉（参见146页）
1根香草豆荚，刮出香草籽
1茶匙肉桂粉
½茶匙小豆蔻粉
½茶匙丁香粉
少许喜马拉雅粉盐

太妃糖酱
140克椰糖
250毫升椰奶
½茶匙盐

点缀配料
香草卡仕达酱（参见146页）

可批量制作

可冷冻

7 DAYS

可在冰箱中存放7天

香浓夹心巧克力条

软糯弹牙，香醇浓郁，越嚼越香。这款沾上就无法拒绝的"小妖精"值得你下功夫。如果你一口气把它们吃了个精光，那可千万不要怪我。

制作6-10块，取决于实际尺寸

焦糖层
360克摩洛哥甜枣，去核
½茶匙粗海盐
1根香草豆荚（刮出香草籽）或1茶匙香草粉
1汤匙坚果酱（杏仁酱或花生酱）

香浓夹心
80克椰蓉
140克榛仁
2颗甜枣，去核
3汤匙椰油
1汤匙可可粉
少许喜马拉雅粉盐
1根香草豆荚（刮出香草籽）或1茶匙香草粉

巧克力层
125毫升椰油
4汤匙可可粉
3汤匙枫糖浆

焦糖层　将甜枣浸泡至少1小时——水要足够覆盖甜枣。泡软了才容易搅打。

香浓夹心　浸泡的同时可以制作香浓夹心。将所有原料倒入搅拌机，使其完美融合，搅打成半黏稠的混合物。

将混合物放入450克装的吐司盒或硅胶模具。我习惯于在吐司盒中垫上保鲜膜，以便轻松脱模。

将混合物压平压匀。

接下来，将甜枣与浸泡甜枣的50毫升水以及盐、香草和坚果酱倒入搅拌机，搅打成浓郁丝滑的混合物。将焦糖均匀涂于吐司盒中的香浓夹心之上，然后放入冰箱冷冻室静置2小时。

巧克力层　等混合物即将静置完成时，开始制作巧克力层。先小火融化椰油，开始融化后，倒入可可粉和枫糖浆，混合均匀后立即关火。

将吐司盒从冰箱中取出，倒出涂满了焦糖的香浓夹心，将其切成10小块或6大块。

在备餐台上铺一张烘焙纸（羊皮纸），用一个叉子叉住夹心条，将其浸入巧克力混合物裹上巧克力糖衣。

有时图省事，可以用勺子舀巧克力混合物淋在夹心条上面。裹上了糖衣的夹心条可以直接放在烘焙纸上，这些夹心条是半冷冻的，上面的巧克力层会立即凝固。给所有夹心条裹上糖衣后将巧克力条放入冰箱，随吃随取。

小贴士　我喜欢在巧克力条上面撒坚果碎，不过这完全可有可无。建议多做几批，放入冰箱冷冻室保存，不过我得警告你——它们可能会以闪电般的速度消失哦！

懒人版巧克力慕斯

可批量制作

可冷冻

3 DAYS

可在冰箱中存放3天

制作2大杯或4小杯

这款巧克力慕斯是我女儿的最爱，也是我针对乳制品不耐受的客户特别创制的替代版慕斯。它细腻绵柔，蓬松轻盈，可满足我们所有人对巧克力的渴望——而且还不浪费鹰嘴豆汤汁，真是妙不可言！

80克腰果
150毫升鹰嘴豆水（即听装或利乐包鹰嘴豆中的汁水）
80毫升枫糖浆
3汤匙可可粉
1根香草豆荚，刮出香草籽

点缀配料

新鲜浆果或黑加仑
薄荷叶

将腰果至少泡2小时，如果赶时间的话，可以用开水泡20分钟。

将鹰嘴豆水打发成白色、可以拉起尖角为止，就像打发蛋白一样。放一旁备用或放入冰箱。

将腰果沥干，将泡软的腰果、枫糖浆、可可粉、香草籽和2汤匙鹰嘴豆水倒入搅拌机，搅打成顺滑的混合物。

现在，用勺子将巧克力混合物轻轻舀入打发的鹰嘴豆汁，翻拌均匀。

将翻拌均匀的混合物盛入慕斯杯，放入冰箱静置1小时。

点缀以新鲜浆果或黑加仑，再用几片薄荷叶装饰，美味即成。

小贴士 这款蛋糕可提前制作。如果想省事的话，建议在冰箱里预先备好浸泡过并沥过水的腰果，用玻璃容器装好，放在冰箱里可以保存3天。

极简杧果香草慕斯

可批量制作

可冷冻

5 DAYS

可在冰箱中存放5天

不含坚果成分

4-6人份

我第一次做这款慕斯是在桑给巴尔，当时我买到了一批果香浓郁、清甜多汁的杧果，家里还有自制的高品质椰油。现在是时候和大家分享这款美味了。（图片参见背面）

600克香气扑鼻的熟杧果块
125毫升融化的椰油
1根香草豆荚，刮出香草籽

点缀配料

新鲜杧果薄片
树莓
薄荷叶
黑芝麻

将慕斯原料倒入高速搅拌机，使所有原料完全融合。

椰油必须完全乳化与杧果融为一体，因此混合物必须呈现出迷人的嫩黄色，不能有白点。

将混合物倒入慕斯杯，放入冰箱静置3小时。静置完成后，点缀以新鲜杧果薄片、树莓和薄荷叶，再撒少许黑芝麻，以增色提香。

小贴士 一款可提前制作的绝妙甜点！

可批量制作

可冷冻

可在冰箱中存放5天

香辣胡萝卜蛋糕配姜黄糖霜

我从记事起就对胡萝卜蛋糕情有独钟。这款纯素版胡萝卜蛋糕包含多种辛香味醇厚的香料以及多到几乎塞不下的胡萝卜!

6人份

140毫升枫糖浆

140克无麸质预拌粉(参见146页)

160毫升杏仁奶或植物奶,从超市直接买或自制皆可(参见139页)

½茶匙小苏打(碳酸氢钠)

½茶匙泡打粉

235克擦碎的胡萝卜

5个杏干,切碎

1茶匙肉桂粉

½茶匙丁香粉

½根小豆蔻荚

姜黄糖霜

160克腰果,泡2小时沥干

60毫升枫糖浆

60毫升植物奶,从超市直接买或自制皆可(参见137-139页)

1茶匙姜黄粉

1根香草豆荚,刮出香草籽

点缀配料

浆果和橙片

将烤箱预热至180℃。在一个20厘米(8英寸)圆形蛋糕模中垫上防油纸(蜡纸)。

将所有蛋糕原料倒入碗中,搅拌均匀。将混合物倒入蛋糕模,放入烤箱烤40分钟。

姜黄糖霜 与此同时,将所有糖霜原料倒入搅拌机,搅打成顺滑均匀的混合物。将糖霜放入冰箱冷却。

蛋糕烤好后转移至烤架完全冷却。

冷却后,将糖霜舀到蛋糕上面,点缀以蓝莓或其他浆果以及你喜欢的水果。我个人比较喜欢用橙片,因为橙子的清新口感可以中和甜味以及糖霜的油腻感。而且,还很养眼哦!

可批量制作

可冷冻

可在冰箱中存放5天

香蕉太妃派

本书中我最爱的餐品之一，每一口都是天堂的味道：软糯弹牙，温润绵柔，丰美甘醇。这款太妃派为纯素版，但味道不输于我钟爱的经典原版。

制作6片

派皮
185克杏仁粉
80克腰果
3汤匙椰油
少许盐

太妃馅料
12颗摩洛哥甜枣，去核，用水浸泡1小时，预留3汤匙浸泡甜枣的水
1汤匙杏仁酱
1根香草豆英，刮出香草籽
少许盐

顶料
1批香草卡仕达酱（参见146页）
3根香蕉
3汤匙可可粉
巧克力碎（可选）

将烤箱预热至180℃。

将所有派皮原料倒入搅拌机，搅打成顺滑黏稠的混合物。将混合物倒入20厘米（8英寸）蛋糕模或高品质的硅胶蛋糕模，轻轻压平压实。建议做个小花边，就像做其他的派皮一样。

用一个拇指按住混合物边缘往蛋糕模上挤，另一个拇指按在混合物上用于整形，做出漂亮的花边。

放入烤箱烤10-15分钟，直至派皮呈金棕色。烤好后，将派皮转移至烤架冷却。

太妃馅料　烤派皮的时候，可以开始做太妃馅料。将所有原料倒入搅拌机，搅打成顺滑黏稠的太妃状混合物，放一旁备用。

等派皮冷却之后，将黏稠的太妃混合物倒入派中，馅料一定要抹平抹匀。

顶料　现在再倒入香草卡仕达酱，同样抹平抹匀。

将香蕉切片，精心摆在卡仕达酱上面。最后，在上面筛一层可可粉，美味即成。如果你仍然意犹未尽，可以在上面擦一些巧克力碎。

小贴士　派皮可以多做一些，不需要烤熟，做好后直接放入冰箱冷冻保存，等需要的时候再拿出来烤。

可批量制作

可冷冻

可在冰箱中存放5
天以上

浆果奶酥配椰香奶油冻

谁不爱香甜爽脆的奶酥？反正我爱若珍宝，它使我的内心充满暖意，无比熨帖。我喜欢在隆冬的寒夜里对着炉火享用这款凉丝丝的美食。它也是非常棒的早餐！

6人份

600克混合冷冻浆果
1个红苹果或绿苹果，切丁
125毫升橙汁或用2个新鲜的橙子榨汁
2汤匙椰糖
1根香草豆荚，刮出香草籽

奶酥
35克开心果
35克生榛仁
90克燕麦麸
2根摩洛哥甜枣，去核
35毫升椰油
1汤匙枫糖浆
少许盐

点缀配料
香草卡仕达酱（参见146页）
1勺椰子酸奶，从超市直接买或自制皆可（参见142页）

将烤箱预热至170℃。

将浆果、苹果、橙汁、椰糖和香草籽倒入碗中混合，再舀入一个大烤盘或6个小蛋糕模。

奶酥 将奶酥原料倒入搅拌机，按几下"点动"按钮，将原料搅打为厚块状的混合物——不能太细，也不能太粗。

将奶酥铺在浆果混合物上面，放入烤箱烤45分钟，如果你想烤得更脆一点，也许需要再多烤一会儿。搭配卡仕达酱或椰子酸奶，美味即成。

可批量制作

可在冰箱中存放3
天以上

不含坚果成分

黑米布丁配枫糖香蕉

这款椰香浓郁的甜品源自我在巴厘岛游历的
美好回忆。这是一款巴厘岛的经典美食,我在
其中融入了自己的风格。它也是一款非常扎实
的早餐,绝对扛饿顶饱。

4人份

95克黑米
250毫升水
250毫升椰奶
1根香草豆荚
3汤匙椰糖
2根香蕉
1茶匙椰油
1汤匙枫糖浆

点缀配料
1勺椰子酸奶,从超市直接买或
　自制皆可(参见142页)
烤椰片
黑芝麻
可食花卉(可选)

在中号锅中倒入黑米和水,煮至水分完全蒸发,煮饭大概需要20-30分钟。

在黑米中倒入椰奶、香草豆荚和椰糖,再小火焖20分钟,直至焖成顺滑诱人的米
布丁。

小火焖的时候,将香蕉竖切,放入中号锅用椰油煎,煎成淡棕色。煎好后,点缀以
枫糖浆和黑芝麻。

米布丁焖好后盛入碗中,在上面摆上焦糖香蕉,淋上一勺椰子酸奶,再撒上烤椰
片。如果准备了可食花卉,可以撒上少许。

小贴士　　　这款布丁适合提前制作,可在冰箱中至少保存3天甚至更久。

可批量制作

可冷冻

可在冰箱中存放5天

不含坚果成分

香蕉船

11岁之前，我一直生活在坦桑尼亚的达累斯萨拉姆，那时妈妈经常带我去一家非常老派的冰激凌店吃香蕉船。他们的香蕉船分量很足，上面不仅有奶油，还有巧克力酱和樱桃。我是个恋旧的人，这款甜点总能开启我的记忆之门。

2-4人份

9根冰冻的香蕉
3汤匙你喜欢的植物奶，从超市直接买或自制皆可（参见137-139页）
1根香草豆荚，刮出香草籽
4颗草莓
2汤匙可可粉

巧克力酱
80毫升椰油
4汤匙可可粉
3汤匙枫糖浆
少许盐
1根香草豆荚，刮出香草籽

点缀配料
竖切的香蕉片
樱桃
椰片

巧克力酱　　开始制作巧克力酱。将所有原料倒入中号锅，小火翻拌大约5分钟直至完全融合——注意不要过度加热，以免粉油分离。完全融合之后，将巧克力酱倒入玻璃罐，放一旁备用。

冰激凌　　现在制作冰激凌。你可以做三种口味的冰激凌——香草、草莓和巧克力。

将香蕉分为三份，即每种口味一份。

先制作香草口味，将香蕉、1汤匙植物奶和香草倒入搅拌机。搅打完毕后，将混合物盛入碗中，再放入冰箱冷冻室随用随取。制作其他两种口味步骤相同，分别搅打混合，再分别盛入碗中，放入冰箱冷冻室。

取出巧克力酱和三种口味的冰激凌。将竖切的香蕉片摆入一个漂亮的碗中或盘中。每种口味的冰激凌舀一勺放在上面，再撒上少许巧克力酱，再摆一颗樱桃，撒一点椰片，美味即成。

小贴士　　如果有剩余的巧克力曲奇，可以把它们压碎撒在香蕉船上，以增加口感和层次感！

膳食

冰箱常备基础餐品

制作完以下餐品，就意味着你差不多已将常规的基础餐品换成了纯素版本。有的人渴望采用纯素饮食，有的人因为发现自己有某种过敏症不得不戒掉荤腥，其中最艰难的环节在于寻找一种既美味可口又能替代含麸质面包、牛奶、奶酪等日常膳食的餐品。

所以，我在下面为大家准备了一些非常棒的选项，有的餐品可以在冰箱里保存五天甚至更久，你可以提前做好，从而省掉许多费心费力制作素食的麻烦。

· 杏仁奶（参见139页）
· 腰果酸奶（参见140页）
· 夏威夷果版里科塔奶酪（参见144页）
· 坚果帕玛森（参见145页）
· 超级面包（参见148页）
· 大批量酱汁（参见152页）

慵懒早午餐

周末就该满足口腹之欲，以下三个选项可以帮你打造有史以来最丰盛的早午餐！

选项1

提前制作

椰香茶可以前一晚做好，华夫饼和鹰嘴豆蛋饼也一样可以提前制作，放入冰箱保存。

· 醇香荞麦华夫饼配草莓（参见24页）
· 鹰嘴豆蛋饼配芝麻菜、牛油果和杞果莎莎酱（参见34页）
· 暖心椰香茶（参见41页）

选项2

提前制作

法国吐司需要现吃现做，但面团可以前一天做好，放入冰箱冷藏。
提前做好面包。

· 法国吐司夹杏仁黄油和树莓（参见28页）
· 辣味香草热可可（参见37页）
· 贝蒂娜私厨秘制牛油果吐司（参见47页）

选项3

提前制作

香蕉松饼可以提前一天制作好，佛卡夏面包也一样。

· 香蕉松饼配自制能多益巧克力酱（参见26页）
· 夏卡苏卡配奶油豆，点缀以牛油果（参见64页）
· 迷迭香佛卡夏面包（蘸夏卡苏卡）（参见122页）

方案

通勤路上的早餐!

以下是一些快捷早餐,适合边走边吃,是上班族通勤路上的绝佳选择。它们也是众多早餐餐品中最快捷的,全部都可以提前批量制作。

选项1

提前制作

所有餐品均可以提前一天制作,放入冰箱过夜。

- 花生酱风味隔夜燕麦粥配自制燕麦脆块(参见22页)
- 瓶装开心果奶奇亚籽布丁(参见31页)
- 软糯香蕉蛋糕(参见32页)
- 盐渍焦糖奶昔(参见39页)

选项2适合寒意料峭、不那么赶时间的清晨,你可以提前30分钟起床,多花一点时间给自己做一顿暖心暖胃的早餐。

选项2

提前制作

以下所有餐品均可提前一天制作,第二天早上加一点植物奶重新加热即可。

- 治愈系姜黄浆果粥(参见19页)
- 文火燕麦荞麦靓粥配焦糖苹果(参见20页)
- 暖心椰香茶(参见41页)

午餐便当

色香味皆全的外带美食,工作午餐便当、野餐便当皆相宜。这些餐品都需要一些准备工作,因为每款餐品都包含多个组成部分。不过只出一次力,几天的午餐便能完美解决。

提前制作

如果可以的话,给自己留一天时间不紧不慢地准备所有餐品,等需要时将各个组成部分拼搭在一起即可。

- 辣味泰式凉粉配柔滑花生凉拌酱(参见50页)
- 藜麦甜豆沙拉配蔬菜和罗勒蛋黄酱(参见54页)
- 墨西哥风味沙拉——黑豆、牛油果酱和烤红薯(参见55页)
- 蒜香洋葱炒饭配鲜制叁巴酱和牛油果泥(参见58页)
- 终极版蔬菜三明治(参见66页)
- 韩式拌饭配什锦蔬菜(参见86页)

夏日派对

夏日派对

选项1

提前制作

坚果奶酪需前一晚准备，其他餐品可以第二天早上制作，届时拼搭在一起即可。

- 墨西哥卷饼夹核桃馅和苹果芥末沙拉（参见88页）
- 烤辣味菠萝配什锦绿叶蔬菜和玛丽罗斯酱（参见103页）
- 辣味芝麻菜番茄西瓜沙拉配压缩羊乳酪（参见104页）

选项2

提前制作

以下所有餐品均可提前一天制作，开派对的当天只需将所有部分拼塔在一起，漂漂亮亮地端上桌。

- 松露腰果奶酪配焦糖香梨和种子饼干（参见96页）
- 极品土豆沙拉配莳萝（参见117页）
- 奶奶的秘制酸甜腌黄瓜（参见125页）
- 烟熏漆树豆角（参见126页）
- 史上最美味纯素肉丸（参见154页）
- 草莓奶油蛋糕（参见164页）

周日吮指大餐

以下组合套餐无比契合，浑然天成，最适合作为招待亲朋好友的盛宴菜单。最理想的晚宴莫过于品种繁多、口味多样却又能相辅相成、相得益彰的美食组合。在这样的场合，客人可以随意拿取，一同尽享饕餮之趣。

选项1

提前制作

所有餐品均可提前一天制作，届时重新加热。咖喱菜制作好之后，放一两天味道往往更浓郁，因为这样更入味。不过米饭和面包我还是比较喜欢现做的。

头盘
椰滑红扁豆泥（参见118页）
搭配：鹰嘴豆烤饼配秘腌酥香鹰嘴豆
（参见130页）
主菜
咖喱蔬菜配印度薄荷酱和酥香椰蓉顶料（参见110页）
甜点
极简杞果香草慕斯（参见172页）

选项2

提前制作

所有蔬菜均可以提前一天切好备好，巧克力慕斯也最好提前一天做好。等到聚餐的当天，只需制作头盘和主菜，一桌大餐便大功告成。

头盘
花园蔬菜汤配新鲜香料植物（参见56页）
主菜
什锦蔬菜版海鲜烩饭配牛油果蒜泥酱（参见106页）
甜点
懒人版巧克力慕斯（参见172页）

选项3

提前制作

红薯饼可以提前一天制作，届时倒上腰果酸奶即可。纯素肉丸也可以提前一天做好，放入冰箱冷藏过夜，第二天重新加热，与其他组成部分拼搭在一起。浆果奶酥同样可以提前一天做好，第二天放入烤箱加热，配上新鲜制作的椰香奶油冻，美味即成，非常便捷。

头盘
红薯饼配莳萝腰果酸奶（参见81页）

主菜
瑞典纯素肉丸配胡萝卜泥、纯素肉汁和奶奶的快捷泡菜（参见100页）

甜点
浆果奶酥配椰香奶油冻（参见176页）

选项4

提前制作

比萨脆皮饼底可以提前制作，放入冰箱备用。需要烤制的蔬菜可以提前一天洗好切好，届时放入烤箱，新鲜烤制。太妃糖布丁也是一款非常适合提前一天制作的甜品，第二天稍稍重新加热即可。

头盘
榛香脆皮比萨配辛辣味芝麻菜（参见76页）

主菜
马里奥的意式蔬菜盒子（参见82页）
波伦塔玉米粥配烤番茄和糖浆香蒜（参见78页）
迷迭香佛卡夏面包（参见122页）

甜点
太妃糖布丁配太妃糖酱（参见168页）

电影之夜！

极简快捷餐品，吃起来痛快淋漓，让人欲罢不能！不要点外卖了，试试这些懒人美食！有几款是普通薯片和爆米花的替代品，其他的则是正儿八经的宅家晚餐。

- 快捷咖喱煲（参见48页）
- 辣味泰式凉粉配柔滑花生凉拌酱（参见50页）
- 香蒜意面配坚果帕玛森（参见53页）
- 终极版蔬菜三明治（参见66页）
- 浓香番茄意面配纯素肉丸（参见74页）
- 榛香脆皮比萨配辛辣味芝麻菜（参见76页）
- 蜜汁芝麻甘蓝脆脆（参见123页）
- 榛仁巧克力球（参见160页）
- 巧克力曲奇饼干（参见162页）
- 香蕉船（参见180页）

冬日暖心美食

醇厚浓郁的治愈系美食，寒冷的冬夜里最实在的宠溺。我选择这些餐品是因为它们既暖心又暖胃。如果一天诸事不顺，需要一点扎实的安慰，它们就是最理想的选择。制作时间依餐品而异——有的甚至可以大批量制作，这样好几天的晚餐就有了着落。不过有一点可以肯定，它们一定会让你心满意足。

- 韩式根茎蔬菜煎饼配日式酸甜酱汁（参见60页）
- 母亲的治愈系甜豆汤（参见63页）
- 夏卡苏卡配奶油豆，点缀以牛油果（参见64页）
- 祛寒米粉汤配姜蒜、洋葱和大量香料（参见73页）
- 波伦塔玉米粥配烤番茄和糖浆香蒜（参见78页）

致谢

    感谢在这段疯狂的人生之旅中支持我的每一个人。感谢我的家人和朋友，以及这些年与我相识相知、与我携手共事的所有人。其中我要特别感谢哈迪·格兰特将这一切变为现实，感谢始终如一信任我的凯特·波拉德以及我的经纪人贝基·托马斯，感谢这本书背后的精兵强将：纳斯玛·罗萨克、埃维·欧、唐威（音译）和杰西·丹尼森。另外，我还要感谢家雅瓷器店借给我一些温厚拙朴的餐具用于拍照。最后同样重要的是，我要感谢社交媒体上关注我、支持我的每一位粉丝——无论别人怎么说，我收获的支持和友谊都是实实在在的！

    我在此满怀谦卑之情，向大家致以不尽的谢意。

作者简介

    贝蒂娜·坎波鲁奇·博迪是一位自由主厨兼美食博主，专业制作素食和无麸质美食。烹饪一直是贝蒂娜生活中的常态，贯穿她的少年直至成年。她创办过讲习班，向客户提供过食物不耐受症和过敏症方面的建议，亦做过食谱顾问，开设过快闪食摊，在世界各地经营过静修会所，积累了一大批忠实的粉丝。这是她出版的第一本书。

索 引

图书在版编目（CIP）数据

　　快乐的素食 / （英）贝蒂娜·坎波鲁奇·博迪著 ；（英）纳斯玛·罗萨克摄影 ；李亚萍译. — 济南 ：山东人民出版社，2023.7

　　ISBN 978-7-209-13075-2

　　Ⅰ．①快… Ⅱ．①贝… ②纳… ③李… Ⅲ．①素菜－菜谱 Ⅳ．①TS972.123

　　中国国家版本馆CIP数据核字(2023)第039137号

快乐的素食

KUAILE DE SUSHI

[英] 贝蒂娜·坎波鲁奇·博迪 著　　　[英] 纳斯玛·罗萨克 摄影　　李亚萍 译
责任编辑：张波　　特约编辑：唐浒 陈旭斌 冯芙蓉 程英　　装帧设计：于彬

主管单位	山东出版传媒股份有限公司
出版发行	山东人民出版社
出 版 人	胡长青
社　 址	济南市市中区舜耕路517号
邮　 编	250003
电　 话	总编室 (0531) 82098914
	市场部 (0531) 82098027
网　 址	http://www.sd-book.com.cn
印　 装	北京天工印刷有限公司
经　 销	新华书店
规　 格	16开(787mm×1092mm)
印　 张	12
字　 数	84千字
版　 次	2023年7月第1版
印　 次	2023年7月第1次
ISBN	978-7-209-13075-2
定　 价	148.00元

如有印装质量问题，请与出版社总编室联系调换。